机电类专业应用型人才培养特色教材

LabVIEW 基础教程

代峰燕　编著

U0256231

机械工业出版社

本书主要介绍虚拟仪器的基本概念和 LabVIEW2015 的程序设计方法以及 LabVIEW 的特色应用数据采集和仪器控制。全书共 11 章，包括 Lab-VIEW 概述，LabVIEW 环境，VI 的设计、编辑和调试，程序结构，数组和簇，波形图表和波形图，模块化编程，数据采集，字符串与文件 I/O，仪器控制，项目实例。这些内容能够使初学者很快掌握 LabVIEW2015 的全部基本功能，并着手开发自己的系统。

本书各章都配有习题，可以帮助读者巩固所学知识点。

本书可作为普通高等学校理工科本科生虚拟仪器技术课程的教材，同时也可供测控工程技术人员自学。

图书在版编目（CIP）数据

LabVIEW 基础教程/代峰燕编著 . —北京：机械工业出版社，2016.3
（2025.1 重印）

机电类专业应用型人才培养特色教材

ISBN 978-7-111-52806-7

Ⅰ. ①L… Ⅱ. ①代… Ⅲ. ①软件工具—程序设计—教材 Ⅳ. ①TP311.56

中国版本图书馆 CIP 数据核字（2016）第 019759 号

机械工业出版社（北京市百万庄大街 22 号 邮政编码 100037）
策划编辑：吕德齐 责任编辑：吕德齐 徐 强
版式设计：霍永明 责任校对：张玉琴
封面设计：陈 沛 责任印制：李 昂
北京捷迅佳彩印刷有限公司印刷
2025 年 1 月第 1 版第 5 次印刷
184mm×260mm·12 印张·252 千字
标准书号：ISBN 978-7-111-52806-7
定价：39.00 元

电话服务 网络服务
客服电话：010-88361066 机 工 官 网：www.cmpbook.com
010-88379833 机 工 官 博：weibo.com/cmp1952
010-68326294 金 书 网：www.golden-book.com
封底无防伪标均为盗版 机工教育服务网：www.cmpedu.com

序

为了适应我国制造业的迅速发展，培养大批素质高、工程能力与实践能力强的应用综合型人才，需要在本科教学中改变以往重视工程科学，轻视工程实践训练；注重理论知识的传授，轻视创新精神的培养；注重教材的系统性和完整性，缺乏工程应用背景等现象。本套教材的编著者结合近年来在机电测控类课程群建设以及CDIO教学改革方面的经验积累，在总结多年教学的基础上，本着"重基本理论、基本概念，突出实践能力和工程应用"的原则，力求编写一套富有特色、有利于应用型人才培养的机电测控类本科教材，以满足工程应用型人才培养的要求。本套教材突出以下特点：

1）科学定位。本套教材主要面向工程应用、具有较好理论素养与实际结合能力、动手和实践能力强、综合型、复合型人才的培养。不同于培养研究型人才的教材，也不同于一般应用型本科的教材。

2）简化理论知识的讲授，突出教学内容的实用性，强调对学生实践能力和技术应用能力的培养。

3）采用循序渐进、由浅入深的编写模式，强调实践和实践属性，精练基础知识，突出实用技能，内容体系更加合理。

4）注重现实社会发展和就业需求，以培养工程综合能力为目标，强化应用，有针对性地培养学生的实践能力。

5）教材内容的设置有利于扩展学生的思维空间，培养学生的自主学习能力；着力于培养和提高学生的综合素质，使学生具有较强的创新能力，促进学生的个性发展。

本套教材由俞建荣、曹建树组织策划并主持编写。

本套教材得到北京市高等学校人才强教深化计划资助项目（PHR200907221）及北京市机电测控技术基础课程群优秀教学团队的资助。

俞建荣　曹建树

前　言

　　虚拟仪器技术是测试技术和计算机技术相结合的产物，是两门学科最新技术的结晶，融合了测试理论、仪器原理和技术、计算机接口技术、高速总线技术以及图形化软件编程技术于一身，实现了测量仪器的集成化、智能化、多样化、可编程化。在实验教学中，虚拟仪器软件编程环境为学生提供了一个充分发挥才能和想象力的空间，有利于学生能力的培养。

　　虚拟仪器技术是利用高性能的模块化硬件，结合高效灵活的软件来完成各种测试、测量和自动化的应用。灵活高效的软件能帮助使用者创建完全自定义的用户界面，模块化的硬件能方便地提供全方位的系统集成，标准的软硬件平台能满足对同步和定时应用的需求。这也正是 NI（美国国家仪器有限公司）近30年来始终引领测试、测量行业发展趋势的原因所在。只有同时拥有高效的软件、模块化的 I/O 硬件和用于集成的软硬件平台这三大组成部分，才能充分发挥虚拟仪器技术性能高、扩展性强、开发时间短以及出色的集成这四大优势。

　　同时，测控技术的飞速发展和计算机应用的日益普及，对测控及机电类专业的计算机控制技术的教学提出了越来越高的要求。全国各高等院校，在教育部的统一规划下，把测控及机电类专业的微机技术基础教学放在十分重要的地位来抓，制定目标，整合课程，形成系列结构，以期达到厚基础、重实验、强能力、宽口径的教学培养目标；本着"原理—方法—技能—实践—系统"的指导思想，将测控及机电类专业的微机技术类课程的教学改革提高到了一个新的层次。

　　本教程正是在这种形势下，为贯彻教育部"面向21世纪教学内容改革"的精神，满足教学改革对新教材的迫切需求而编著的。

　　本教程从测控技术实际应用的需要出发，以虚拟仪器技术理论为基础，系统地介绍了虚拟仪器技术的理论基础、硬件技术、软件编程及其设计原则与应用实例。

　　本教程注重了选材的科学性、先进性和实用性，贯彻了模块化、结构化及原理、技术与应用并重的内容组织原则。

　　在这里要感谢参与本教材编写工作的郑霄锋、李冬冬，他们在编写过程中做出了很大的努力。

编　者

目　录

V

第❶章

LabVIEW 概述

本章主要介绍虚拟仪器的概念，虚拟仪器的基本组成，LabVIEW 的发展、特点及应用，重点介绍 LabVIEW2015 新特性。

1.1 虚拟仪器概述

1.1.1 虚拟仪器的概念

1）虚拟仪器（Virtual Instrument，简称 VI）是虚拟仪器技术在仪器仪表领域中的一个重要应用。它是日益发展的计算机硬件、软件和总线技术在向其他技术领域密集渗透的过程中，与测试技术、仪器仪表技术密切结合，共同孕育出的一项新的成果。20 世纪 80 年代，美国 NI 公司率先提出了"虚拟仪器"的概念，指出虚拟仪器是由计算机硬件资源、模块化硬件和用于数据分析、过程通信及图形用户界面软件组成的测试系统，是一种由计算机操纵的模块化仪器系统。如果作进一步的说明，虚拟仪器是以计算机作为仪器统一的硬件平台，充分利用计算机独具的运算、存储、回放、调用、显示以及文件管理等基本智能化功能，同时把传统仪器的专业化功能和面板软件化，使之与计算机融为一体，这样便构成了一台从外观到功能完全与传统硬件仪器一致，同时又充分享用计算机职能资源的全新仪器系统。由于仪器的专业化功能和面板控件都是由软件形成的，因此人们把这类新型的仪器称为"虚拟仪器"。

2）虚拟仪器是基于计算机的仪器。计算机和仪器的密切结合是目前仪器发展的一个重要方向。粗略地说这种结合有两种方式，一种是将计算机装入仪器，其典型的例子就是所谓的智能化仪器。随着计算机功能的日益强大以及其体积的日趋缩小，这类仪器的功能也越来越强大，目前已经出现了含嵌入式系统的仪器。另一种方式是将仪器装入计算机。以通用的计算机硬件及操作系统为依托，实现各种仪器功能。虚拟仪器主要指第二种方式。

3）虚拟仪器是指在通用计算机上添加一层软件和/或必要的仪器硬件模块，使用户操作这台通用计算机就像操作一台自己专门设计的传统电子仪器一样。虚拟仪器技术强调软件的作用，提出了 **"软件即仪器"** 的概念，这个概念克服了传统仪器的功能在制造时就被限定而不能变动的缺陷，摆脱了由传统硬件构成一件件仪器再连成系统的模式，而变为由用户根据自己的需要通过编制不同的测试软件来组合构成各种虚拟仪器，其中许多功能就直接由软件来实现，打破了仪器的功能只能由厂家定义，用户无法改变的模式，虚拟仪器还可以很快地跟上计算机技术的发展，升级重建自己的功能，这尤其适合于科研与生产制造部门。

1.1.2 虚拟仪器的特点

虚拟仪器的主要特点有：

1）采用了通用的硬件，各种仪器的差异主要在于软件。

2）可充分发挥计算机的能力，有强大的数据处理功能，可以创造出功能更强的仪器。

3）用户可以根据自己的需要定义和制造各种仪器。

最主要的是虚拟仪器由用户定义，而传统仪器则功能固定且由厂商定义。

传统仪器和虚拟仪器的区别见表 1-1。

表 1-1　传统仪器和虚拟仪器的区别

项　目	传　统　仪　器	虚　拟　仪　器
仪器定义	仪器厂商	用户
中心环节	硬件是关键	软件是关键
功能设定	仪器的功能、规模均已固定	系统功能和规模可通过软件修改和增减
开放性	封闭的系统，与其他设备连接受限	基于计算机的开放系统，可方便地同外设网络及其他设备连接
性能/价格比	价格昂贵	价格低，可重复使用
技术更新	慢（5~10 年）	快（1~2 年）
开发维护费用	开发维护费用高	软件结构可大大节省开发和维护费用
应用情况	多为实验室拥有	个人可以拥有一个实验室

1.1.3 虚拟仪器的组成

虚拟仪器实际上是一个按照仪器需求组织的数据采集系统。虚拟仪器的研究涉及的基础理论主要有计算机数据采集和数字信号处理。任何一台传统的仪器，都可以将其分解成以下三个部分（见图 1-1）：

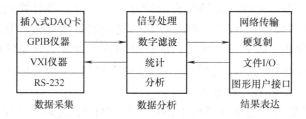

图 1-1　虚拟仪器组成

1）数据采集：将输入的模拟信号进行调理，并经 A/D 转换成数字信号以待处理。

2）数据分析与处理：由微处理器按照功能要求对采集的数据作必要的分析和处理。

3）存储、显示或输出：将处理后的数据存储、显示或经 D/A 转换成模拟信号输出。

传统仪器是由厂家将上述三种功能的部件根据仪器功能按固定的方式组建，一般一种仪器只有一种功能或数种功能。而虚拟仪器是将具有上述一种或多种功能的通用模块组合起来，通过编制不同的测试软件来构成任何一种仪器，而不是某几种仪器。例如：激励信号可先由微机产生数字信号，再经 D/A 变换产生所需的各种模拟信号，这相当于一台任意波形发生器。大量的测试功能都可通过对被测信号的采样，A/D 变换成数字信号，再经过处理即可，或者直接用数字显示而形成数字电压表类仪器，或用图形显示而形成示波器类仪器，或者再对数据进一步分析即可形成频谱分析仪类仪器。其中，数据分析与处理以及显示等功能可以直接由软件完成。这样就摆脱了由传统硬件构成一件件仪器然后再连成系统的模式，而变成由计算机、A/D 及 D/A 等带共性硬件资源和应用软件共同组成的虚拟仪器系统新概念。

许多厂商目前已研制出了多种用于构建虚拟仪器的数据采集（DAQ）卡。一块多功能 DAQ 卡可以完成 A/D 转换、D/A 转换、数字输入输出、计数器/定时器等多种功能，再配以相应的信号调理电路组件，即可构成能生成各种虚拟仪器的硬件平台。现在的虚拟仪器硬件系统还广泛使用原有的能与计算机通信的各类仪器与工控卡，如 GPIB 仪器、VXI 总线仪器、PC 总线仪器以及带有 RS-232 接口的仪器或仪器卡。图 1-2 所示为虚拟仪器测试系统结构框图。

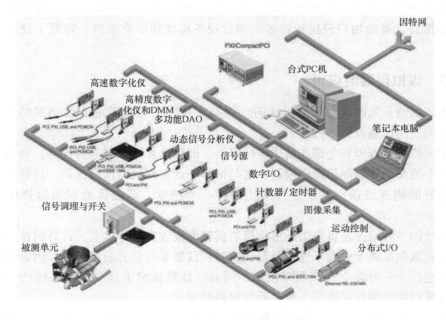

图 1-2　虚拟仪器测试系统结构框图

1.1.4　虚拟仪器的优势

虚拟仪器技术有四大优势：

1. 性能高

虚拟仪器技术是在 PC 技术的基础上发展起来的，所以完全"继承"了以现成即用的 PC 技术为主导的最新商业技术的优点，包括功能超卓的处理器和文件 I/O，在数据高速导入磁盘的同时能实时地进行复杂的分析。此外，不断发展的因特网和越来越快的计算机网络使得虚拟仪器技术展现了其更强大的优势。

2. 扩展性好

得益于软件的灵活性，只需更新计算机或测量硬件，就能以最少的硬件投资和极少的甚至无须软件上的升级即可改进整个系统。这些软硬件工具使得工程师和科学家们不再圈囿于当前的技术中。在利用最新科技的同时，可以把它们集成到现有的测量设备，最终以较少的成本加速产品的上市。

3. 开发时间短

在驱动和应用两个层面上，NI 高效的软件构架能与计算机、仪器仪表和通信方面的最新技术结合在一起。这一软件构架的设计初衷是为了方便用户操作，同时提供灵活和强大的功能，使用户轻松地配置、创建、发布、维护和修改高性能、低成本的测量和控制解决方案。

4. 无缝集成

虚拟仪器技术本质上是一个集成的软硬件概念。随着产品在功能上不断地趋于复杂，工程师们通常需要集成多个测量设备来满足完整的测试需求，而连接和集成这些设备需要耗费大量的时间。虚拟仪器软件平台为所有的 I/O 设备提供了标准的接口，帮助用户轻松地将多个测量设备集成到单个系统，降低了任务的复杂性。

1.1.5　虚拟仪器的应用

虚拟仪器系统已成为仪器领域的一项基本技术，是技术进步的必然结果。今天，它的应用已遍及许多行业。

很多测量工程师如今都在使用虚拟仪器，即用计算机控制一台仪器，通过计算机屏幕上的图形化前面板操作仪器，这与操作一台物理仪器没有区别。计算机能够模拟远处的物理设备，整个过程给使用者一个感觉，即在远处虚拟地操作这台仪器。

另外的一种情况是将一个图形化仪器前置面板放在计算机上，计算机连接着一块插入式数据采集卡，而不连接仪器，这时，仪器本身没有前置面板，因而使用者不能将它作为一台独立的仪器来使用。因而，计算机成了这个仪器系统的一个组件，计算机前置面板操作成了唯一操作仪器的方式。

还有一种情况就是没有任何功能模块连接在计算机上，虽然计算机上同样有前置软面板，计算机通过数据文件和网络得到数据，处理一些"自己"的数据对一个物理过程或某个项目进行仿真。

虚拟仪器技术经过十几年的发展，已经逐步形成了总线与驱动程序标准化、硬/软件模块化、编程平台的图形化、硬件模块的即插即用化等。以开放式模块化仪器标准为基础的虚拟仪器标准正日趋完善，建立在技术上的各种先进仪器将会层出不穷。虚拟仪器技术在发达国家的推广应用已经比较普及，除应用在电子测量领域和过程控制领域外，还用于诸如日常生活的其他领域。

1.2 常用虚拟仪器开发软件介绍

现代计算机技术和信息技术的迅猛发展，冲击着国民经济的各个领域，也引起了测量仪器和测试技术的巨大变革。自从 1986 年美国国家仪器有限公司（National Instruments Corp，简称 NI）提出虚拟仪器的概念后，虚拟仪器由于其性价比、开放性等优势迅速占领了市场。特别是随着计算机技术高效、快速的数据处理功能越来越强大，基于微型计算机的虚拟仪器技术以其传统仪器所无法比拟的强大的数据采集、分析、处理、显示和存储功能得到了广泛应用，显示出其强劲的生命力。与传统的仪器不同，虚拟仪器可使用相同的硬件系统，通过不同的软件就可以实现功能完全不同的各种测量、测试仪器。虚拟仪器技术最核心的思想是利用计算机的硬/软件资源，使本来需要硬件实现的技术软件化（虚拟化），以便最大限度地降低系统成本，增强系统的功能与灵活性。基于软件在 VI 系统中的重要作用，NI 提出了"软件即仪器（The software is the instrument）"的口号。因此作为虚拟仪器核心的软件，从本质上反映了虚拟仪器的特征，因而推动虚拟仪器飞速发展的动力也就是最具活力的软件技术。

虚拟仪器开发平台是开发虚拟仪器的工具和集成开发环境。目前，各种虚拟仪器开发工具和平台产品已多达几十种，但总体上，虚拟仪器应用程序的开发环境主要有如下两类：

1）一类是基于通用编程软件进行编写的软件开发环境。常用的有属于传统文本式的开发语言 C/C++、可视化编程工具 Visual Studio 中的 Visual BASIC、VC++和 Visual Studio. net 及相应的软件包、JAVA、MATLAB 等，以及 Borland 公司的 Delphi、C++Builder、JBuilder 等。用这类平台开发虚拟仪器的也有被称为中间开发平台的。用户需要利用虚拟仪器中间开发平台经过二次开发，将外部硬件通过驱动程序连接到计算机，根据需要开发相应的数据分析或仪器控制功能。由于 C/C++对开发人员的编程能力和对仪器硬件的掌握要求很高，因此使用的人已越来越少。也有用到 Sybase 公司的 PowerBuilder 进行开发的，但由于用到的情况不多，而且并不十分典型，因此本文不加以展开。

2）另一类是基于图形化语言的软件开发环境。常用的有 NI 公司的 LabVIEW 和 LabWindows/CVI、Agilent 公司的 VEE 和 HPTIG 平台软件等；此外，美国 Tektronis 公司的 Ez-Test 和 Tek-TNS 软件、Wave Test 公司的 Wave Test VIP（可视仪器编程器）、以及 HEM Data 公司的 Snap-Marter 等平台软件，也是国际上公认的优秀虚拟仪器开发平台软件。

1.3 LabVIEW 概述

1.3.1 LabVIEW 介绍

美国 NI 公司推出的 LabVIEW 语言是一种非常优秀的面向对象的图形化编程语言。LabVIEW 是实验室虚拟仪器集成环境（Laboratory Virtual Instrument Engineering Workbench）的简称，是一个开放型的开发环境，使用图标代替文本代码创建应用程序，拥有大量与其他应用程序通信的 VI 库。作为目前国际上优秀的基于数据流的编译型图形编程环境，它可以把复杂、烦琐、费时的语言编程简化成用简单或图标提示的方法选择功能（图形），并用线条把各种图形连接起来的简单图形编程方式，使得不熟悉编程的工程技术人员也可以按照测试要求和任务快速"画"出自己的程序，"画"出仪器面板，大大提高了工作效率，减轻了科研人员和工程技术人员的工作量。

LabVIEW 主要用于开发数据检测、数据采集系统、工业自动控制系统和数据分析系统等领域，是虚拟仪器系统的主要开发工具之一。对于大多数的编程任务，LabVIEW 通常能产生高效的代码，但其也存在不足，如不能完全提供用户所需要的驱动子程序，对底层操作（如访问物理地址）不易实现等，因此常需要借助其他语言或利用其他软件开发环境（如 Visual C ++、MATLAB 等）来开发满足特殊功能的动态链接库（Dynamic Link Library，简称 DLL）文件来解决这类问题。

LabVIEW 几乎可以调用任何语言（如 Visual C ++、C ++ Builder、Visual Basic）编写生成的动态链接库，从而完成一些特殊的功能。调用时主要有以下几个特点：①可以用 C 或 stdcall 两种方式调用 DLL；②可以使用整数或浮点数的任意维数组；③不需要关心用巨大模式（HUGE）、近（NEAR）或远（FAR）指针；④LabVIEW 字符串能通过 C 或 Pascal 字符指针传递给 DLL；⑤可以用空（void）、整型（integer）和浮点型（float）指针作为返回值。

通过配置 LabVIEW 提供的调用库函数——CLF（Call Library Function）节点调用 DLL 文件中的具体函数来实现需要的功能时，必须知道以下信息：①函数返回的数据类型；②函数调用的方式；③函数的参数及类型；④DLL 文件的位置等。

此外，LabVIEW 还可通过 ActvieX 自动化技术与 MATLAB 进行混合编程，将 LabVIEW 与 MATLAB 有机结合，达到利用 MATLAB 优化算法库的目的。在混合编程中，通常用 LabVIEW 设计用户图形界面，负责数据采集和网络通信；MATLAB 在后台提供大型算法供 LabVIEW 调用。LabVIEW 提供了 MATLAB Script 节点，使用 ActiveX 技术执行该节点，启动一个 MATLAB 进程。这样就可以很方便地在个人的 LabVIEW 应用程序中使用 MATLAB，包括执行 MATLAB 命令、使用功能丰富的各种工具箱，如神经网络工具箱（Neural Network Toolbox）、优化工具箱（Optimization Toolbox）等。采用虚拟仪器技术，通过 LabVIEW 构建测试仪器开发效率高、可维护性强、测试精度、稳定性和可靠性能够得到保证；但如果能同时利用 MAT-LAB 功能强大的算法库，可望开发出更具智能化的虚拟仪器，将会在诸如故障诊断、专家系统、复杂过程控制等方面大有用武之地。

在虚拟仪器网络化技术方面，LabVIEW 可利用 Internet Developers Toolkit 来实现各种网络通信功能。如发送包含测控信息的电子邮件、将文件或数据传送到 FTP 服务器、利用浏览器浏览虚拟仪器、编写 CGI 程序实现服务器终端操作等。此开发工具包功能强大，能实现大部分的网络功能，对开发者的计算机网络知识和计算机网络开发功底也有相当高的要求。为了降低开发难度，NI 公司还提供了 LabVIEW Remote Panels 技术，可以通过简单的配置利用 IE 控制 LabVIEW VIs。但目前远程面板技术还存在速度慢、客户端连接能力有限等缺陷。

1.3.2　发展历程

LabVIEW 软件最早在 1986 年推出，一经问世，即以其类似于流程图般直观的图形化开发概念震撼了传统的测试、测量领域。LabVIEW 内置的与数千种仪器设备之间的兼容性，其扩展的分析、信号处理以及控制算法函数库，直观的数据显示和用户界面工具等各种特性，帮助工程技术人员快速设计、建模并发布他们的解决方案。20 多年来，LabVIEW 图形化开发模式为数以千计的用户带来了极大的便利，并致力于提高产品的质量、缩短产品上市时间和追求更高的生产效率。借助这一灵活开放的平台，纵然面对日益复杂的应用需求，用户的生产力也能获得大幅度的提高。

1.3.3　LabVIEW 2015 新特征

LabVIEW 2015 是 NI 平台方法的核心基础，也是更快速构建系统的解决方案。最新版的 LabVIEW 通过更快的速度，开发快捷方式和调试工具来帮助开发人员更高效地与所创建的系统进行交互。

1. 添加自定义项至快捷菜单

通过创建快捷菜单插件，用户可添加自定义项至前面板/程序框图对象的快捷菜单。创建的快捷菜单插件可出现在右键单击编辑时的前面板和程序框图对象或右键单击运行时的程序框图对象。

2. 添加或缩减前面板/程序框图空间的改进

LabVIEW 2015 的易用性改进包括添加空间更为简单，同时还可从前面板或程序框图缩减空间。

如需增加分布紧凑对象的空间，可按〈Ctrl〉并将鼠标按要添加空间的方向拖曳（Mac OS X 按〈Option〉）。如需缩减分布对象的空间，可按〈Ctrl + Alt〉并将鼠标按要缩减空间的方向拖曳（Mac OS X 按〈Option + Ctrl〉）。对象在拖曳鼠标的同时移动。大致按垂直或水平方向拖曳时，操作将对齐到主导方向。

3. 探针的改进

LabVIEW 2015 包含对探针的下列改进。

1）大多数探针可显示缩放，以匹配探针监视窗口的探针显示子选板。

2）数组数据的通用探针显示多个元素，元素与探针显示子选板不适合时将显示滚动条。

3）字符串数据的默认探针为自定义探针。右键单击连线，从快捷菜单中选择**自定义探针→默认字符串探针**可使用该探针。单击探针显示子选板左侧的灰色条可选择字符串显示类型。

4. 自由标签中的超链接

LabVIEW 2015 中，LabVIEW 检测自由标签中的 URL 并将其转换为带下划线蓝色文本的超链接。可在默认网络浏览器中单击打开超链接。默认状态下，LabVIEW 2015 启用超链接。如需禁用前面板标签的超链接，可右键单击自由标签并在快捷菜单中取消选择启用超链接。程序框图标签中的超链接无法禁用。

5. 创建操作者框架的操作者和消息类

创建操作者框架的操作者和消息类无需加载使用操作者框架的项目。通过项目浏览器窗口中新增的快捷菜单选项可创建操作者框架的操作者和消息类。项目浏览器窗口中的快捷菜单选项替换操作者框架消息制作器对话框。

6. 前面板的改进

按 Tab 键时忽略错误输入簇。LabVIEW 2015 中，新增的错误输入簇在其属性对话框的快捷键页上，按 Tab 键时忽略该控件选项默认情况下为勾选。VI 运行时按下〈Tab〉键，LabVIEW 将忽略错误输入簇控件。如需在 Tab 键顺序中包含错误输入簇，可取消勾选该选项。

7. 编程环境的改进

LabVIEW 2015 对 LabVIEW 编程环境进行了以下改进。

（1）编译器优化的改进　LabVIEW 2015 编译器优化改进了超出 VI 代码复杂度阈值大型 VI 的执行性能。这些改进可能会减缓编译时间。可在选项对话框环境页的编译器中调整复杂度阈值。编译基于 VI 代码复杂度（相对于阈值）的 VI 时，调整复杂度阈值将继续影响使用的编译器优化配置文件。

（2）加载 VI 后罗列缺失组件　加载 VI 时，LabVIEW 不再提示用户查找缺失组件（如 LabVIEW 模块、工具包、驱动和第三方附加软件）的 VI。LabVIEW 加载 VI 后，可在加载警告摘要或保存为前期警告摘要对话框中单击显示详细信息，或选择**查看→加载并保存警告列表**可显示加载并保存警告列表对话框。加载并保存警告列表对话框包含新增的缺失组件，该部分列出了 LabVIEW 加载 VI 时所需的缺失组件。

（3）其他编程环境的改进　LabVIEW 2015 可在内嵌至调用 VI 的子 VI 中使用错误的下拉列表。LabVIEW 2015 包含用于 Windows 和 Linux 的升级版数学核心库（MKL）11.1.3 软件。MKL 是第三方软件，LabVIEW 用来改善线性代数 VI 的性能。

（4）其他对话框的改进　LabVIEW 2015 安装程序属性对话框附加安装程序页包含新增的仅显示运行时安装程序复选框，用于过滤显示的运行时安装程序。勾选该复选框表示仅查看运行时安装程序。该复选框默认为选中。

8. 新增和改动的 VI 和函数

LabVIEW 2015 中新增了高级 TDMS VI 和函数、数据类型解析 VI、读取和写入带分隔符电子表格、检查质数等。

9. 应用程序生成器的改进

LabVIEW 2015 对应用程序生成器进行了更新，允许用户生成共享库（DLL）时明确指定是否嵌入类型库。如使用 TestStand 或 LabVIEW 调用库函数节点，必须手动启用该选项，方法是在共享库属性对话框的高级页上勾选为 TestStand 或调用库节点包含类型库。TestStand C/C ++ DLL Adapter、LabWindows/CVI Adapter 以及 LabVIEW 调用库函数节点使用类型库显示共享库中的函数列表，包含函数的参数和数据类型。必须安装其他工具才能嵌入类型库。

10. 新增或改动的类、属性、方法和事件

LabVIEW 2015 中新增了启用超链接属性、断开接线端连接方法、查找依赖关系名称属性、查找依赖关系路径属性、丢失依赖关系名称属性、丢失依赖关系路径属性等。

第 2 章

LabVIEW 环境

本章介绍了 LabVIEW 的操作环境，包括使用菜单、工具栏、选板、工具、帮助和常见的 LabVIEW 对话框以及如何运行 VI，并大致描述了前面板和程序框图。

2.1 VI 的组成部分

LabVIEW VI 有三个主要部分：前面板、程序框图和图标/连线板。

2.1.1 前面板

前面板窗口是 VI 的用户界面。图 2-1 所示为一个前面板窗口的范例。输入控件和显示控件用于创建前面板，它们分别是 VI 的交互式输入和输出接线端。

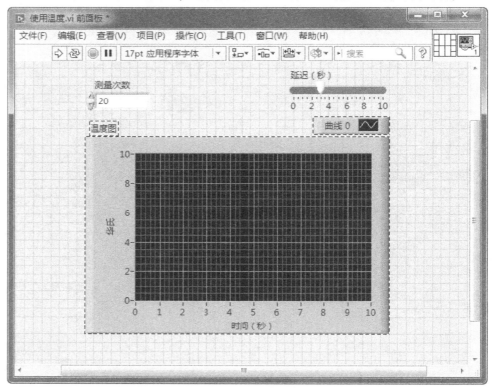

图 2-1 VI 前面板

2.1.2 程序框图

创建前面板窗口后，需为代码添加图形化函数，用于控制前面板对象。图 2-2 所示为一个程序框图窗口的范例。程序框图窗口中是图形化源代码，前面板对象在程序框图中显示为接线端。

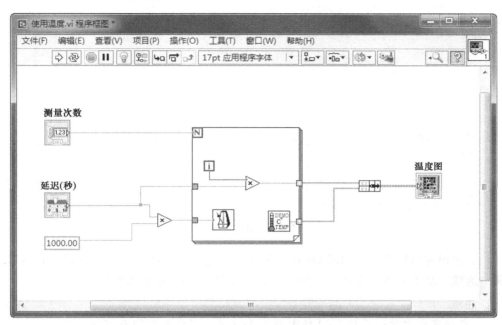

图 2-2 程序框图

2.1.3 图标和连线板

VI 可作为子 VI 使用。子 VI 是指用于另一个 VI 内的 VI，它类似于文本编程语言中的函数。将 VI 作为子 VI 使用时，它必须有图标和连线板。

每个 VI 的前面板窗口和程序框图窗口的右上角都会显示一个图标，默认图标为 。图标是 VI 的图形化表示，可以包括文本也可以包括图像。如果将一个 VI 当作子 VI 使用，程序框图上将显示代表该子 VI 的图标。默认图标中有一个数字，表明 LabVIEW 启动后打开新 VI 的个数。

要将一个 VI 当作子 VI 使用，必须创建连线板，图标为 。连线板是一组与 VI 中的输入控件和显示控件对应的接线端，类似于文本编程语言中的函数调用参数列表。右键单击前面板窗口右上角的图标即可访问连线板。在程序框图窗口中无法通过图标访问连线板。

2.2 启动 VI

打开已有文件或创建新文件后启动窗口就会消失。选择**查看→启动窗口**可显示该窗口，见图 2-3。

图 2-3 启动窗口

通过设置可以在启动 LabVIEW 时打开一个新 VI，而不必显示窗口。选择**工具→选项**，从类别列表中选择环境，勾选启动时忽略启动窗口复选框。

> **注意**
>
> 启动窗口中的选项随 LabVIEW 版本和安装工具包的不同而不同。

打开 LabVIEW 后，可新建 VI 或项目、打开已有 VI 或项目并对其进行修改或者打开模板创建自己的 VI 或项目。

1. 创建新的项目和 VI

在新建列表中选择项目，可通过启动窗口打开新项目。打开新的未命名的项目后，可为该项目添加文件并保存项目。在启动窗口的新建列表中选择 VI，可打开一个和项目无关的新的 VI。

2. 从模板创建 VI

选择**文件→新建**，可显示新建对话框，其中列出了内置的 VI 模板，见图 2-4。在启动窗口中单击新建，也可以显示新建对话框。

3. 打开已有 VI

LabVIEW 2015 版本打开已有的 VI 有两种方法，第一种是在启动界面右半边可以选择打开现有文件，对于近期的文件、项目、VI，也可在其下面菜单中直接单击打开，如图 2-3 所示。第二种方法是选择启动界面上的**文件→打开项目**。

4. 保存 VI

选择**文件→保存**，可保存 VI。如果 VI 已保存，选择**文件→另存为**，可显示另存为对话框，见图 2-5。在另存为对话框中可以创建 VI 的副本或删除原有 VI 并用新 VI 代替。

图 2-4　新建对话框

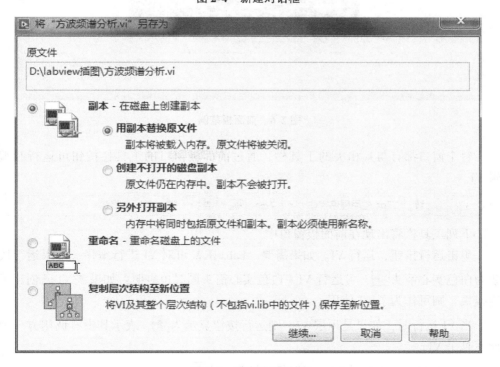

图 2-5　另存为对话框

2.3 前面板窗口

2.3.1 前面板窗口工具栏

打开新 VI 或现有 VI 时，将显示 VI 的前面板窗口。前面板窗口是 VI 的用户界面，如图 2-6 所示。

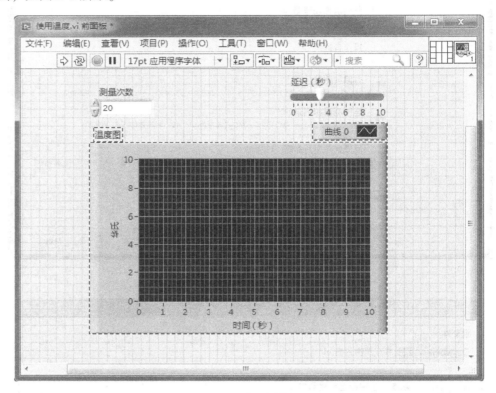

图 2-6 前面板范例

每个窗口都有与其相关的工具栏。通过前面板窗口的工具栏按钮可运行和编辑 VI。

下列工具栏将出现在前面板窗口中。

单击运行按钮，运行 VI。如果需要，LabVIEW 可对 VI 进行编译。如果运行按钮为白色实心箭头 ⬦，可运行 VI。白色实心箭头同时也表明：如果该 VI 已创建了连线板，则可作为子 VI 使用。

当 VI 运行时，如果是顶层 VI，则运行按钮显示为 ▶，表示其没有调用方，因此不是子 VI。

如果正在运行的是子 VI，则运行按钮显示为 ⬦。

如果创建或编辑的 VI 存在错误时，运行按钮显示为断开 ⬥。如果在程序框图连线后，运行按钮仍显示为断开，则该 VI 不能运行。单击该按钮，显示错误列表窗口，该窗口列出了所有的错误和警告。

单击连续运行按钮 ⟳，连续运行 VI 直至中止或暂停执行。再次单击该按钮可以停止连续运行。

VI 运行时，将出现中止执行按钮 ⬤。当没有其他方法停止 VI 时，可以单击该按钮立即停止 VI。当有多个运行中的顶层 VI 使用该 VI 时，该按钮显示为灰色。

> **注意**
>
> 中止执行按钮会在 VI 结束当前循环前立即停止 VI。中止使用外部资源（如外部硬件）的 VI 时，可能会由于没有正确复位或释放外部资源而使其处于未知状态。为 VI 设计停止按钮可避免此类问题。

单击暂停按钮 ⏸，暂停运行 VI。单击暂停按钮时，LabVIEW 会在程序框图中高亮显示执行暂停的位置，并且暂停按钮显示为红色。再次单击暂停按钮，继续运行 VI。

选择文本设置下拉菜单 `17pt 应用程序字体 ▾` 可改变所选 VI 部分的字体设置，包括大小、样式和颜色。

选择对齐对象下拉菜单 📐▾，沿轴（包括垂直边缘、上边缘、左边缘等）对齐对象。

选择分布对象下拉菜单 ▦▾，可均匀分布对象，包括间隔、压缩等。

选择调整对象大小下拉菜单 ⬓▾，将多个前面板对象设置为同样大小。

选择重新排序下拉菜单 ⬙▾，可在对象重叠时定义它们的前后关系。使用定位工具选择其中一个对象，然后选择向前移动、向后移动、移至前面或移至后面。

选择显示即时帮助窗口按钮 ❓，可切换即时帮助窗口的显示。

确定输入用于提醒用户用新的值去替换旧的值。单击确定输入按钮、按下〈Enter〉键或单击前面板或程序框图的工作区，都可使该按钮消失。

> **提示**
>
> 数字键盘上的〈Enter〉键用于结束文本输入，主〈Enter〉键用于开始新一行文本。选择**工具→选项**，并从类别列表中选择环境，然后勾选使用回车键结束文本输入选项，可改变该动作。

2.3.2　输入控件和显示控件

输入控件和显示控件用于创建前面板，它们分别是 VI 的交互式输入和输出接线端。输入控件是指旋钮、按钮、转盘等输入设备。显示控件是指图表、指示灯和其他显示设备。输入控件模拟仪器的输入设备并为 VI 的程序框图提供数据。显示控件模拟仪器输出设备并显示程序框图采集或生成的数据。

图 2-6 中显示了以下对象：两个输入控件——测量次数和延迟（秒）；一个显示控件——名称为温度图的 *XY* 坐标图。

用户可以为测量次数和延迟（秒）改变输入值。用户可以在温度图上看到 VI 产生的值。VI 为显示控件产生的数值基于程序框图中的代码。在数值输入控件和显示控件部分将介绍程序框图。

每个输入控件和显示控件都有与其相关的数据类型。例如：水平滑动杆延迟（秒）是数值型数据类型。最常用的数据类型是数值型、布尔型和字符串型。

1. 数值输入控件和显示控件

数值型数据类型可以表示各种类型的数字，如整数或实数。两个常见的数值对象是数值输入控件和数值显示控件，如图 2-7 所示。仪表和转盘等对象也可用于表示数值数据。

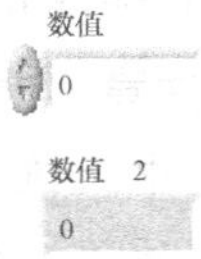

用操作工具单击增量/减量按钮，或者用标签工具或操作工具双击数字，然后按〈Enter〉键，可输入或改变数值输入控件的值。

图 2-7　数值输入控件和显示控件

2. 布尔输入控件和显示控件

布尔数据类型表示只有两个值的数据，如 TRUE 和 FALSE，或 ON 和 OFF。布尔控件输入控件和显示控件用于输入和显示布尔值。布尔对象模拟开关、按钮和指示灯。图 2-8 所示为垂直摇杆开关和圆形指示灯布尔对象。

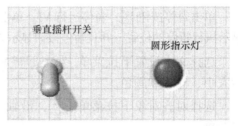

图 2-8　垂直摇杆开关和圆形指示灯

3. 字符串输入控件和显示控件

字符串数据类型是一串 ASCII 字符。字符串输入控件用于从用户处接收文本，比如密码或者用户名。字符串显示控件用于向用户显示文本。最常见的字符串对象有表格和文本输入框，如图 2-9 所示。

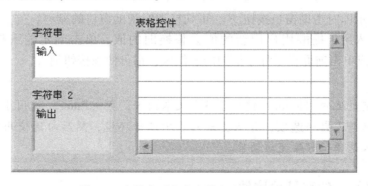

图 2-9　字符串对象有表格和文本输入框

2.3.3　控件选板

控件选板包括用于创建前面板的输入控件和显示控件。在前面板窗口上选择**查看→控件选板**，可以访问控件选板。控件选板被分成多种类别，用户可以根据各自需要显示部分或者全部类别。图 2-10 中，控件选板显示了所有类别，并展开了新式类别。本教材中主要在新式类别中进行操作。

图 2-10　控件选板

在选板上选择查看按钮，并勾选或取消勾选始终显示类别选项，可显示或者隐藏相应的类别（子选板）。在习题 2-2 中将涉及更多关于控件选板的使用问题。

2.3.4　快捷菜单

所有的 LabVIEW 对象均有与其相关的快捷菜单。创建 VI 时，可用快捷菜单选项改变前面板和程序框图上对象的外观或特性。右键单击对象，可打开快捷菜单。图 2-11 所示为仪表的快捷菜单。

2.3.5　属性对话框

前面板窗口的对象也有属性对话框，用于改变前面板对象的外观或者动作。右键单击对象，从快捷菜单中选择属性，可访问该对象的属性对话框。图 2-12 所示为图 2-11 中所示仪表的属性对话框。对象属性对话框中的选项与该对象快捷菜单中的选项类似。

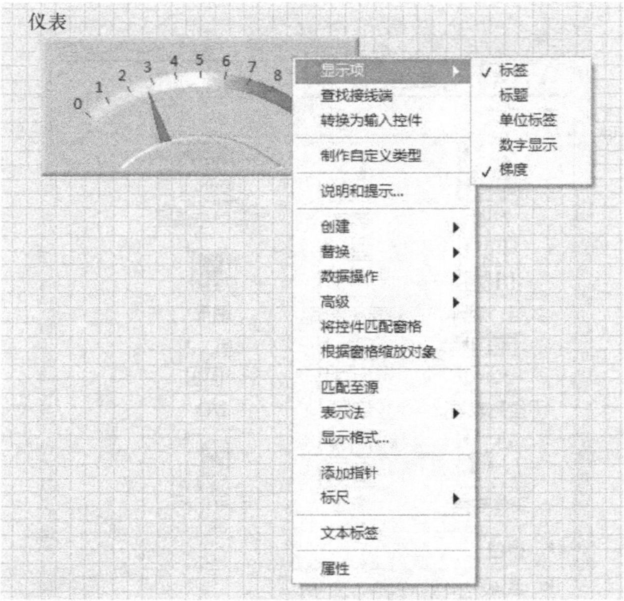

图 2-11　仪表的快捷菜单

图 2-12　仪表的属性对话框

2.4　程序框图窗口

程序框图对象包括接线端、子 VI、函数、常量、结构和连线，连线可在其他的程序框图对象间传递数据。

2.4.1　接线端

前面板对象在程序框图中作为接线端出现。接线端是指在前面板和程序框图之间交换信息的输入和输出端口。接线端类似于文本编程语言中的参数和常数。接线端的类型包括输入/显示控件接线端和节点接线端。输入控件接线端和显示控件接线端属于前面板输入控件和显示控件。在前面板控件中输入的数据（如图 2-13 中的 a 和 b）将通过控件接线端传至程序框图。然后数据将进入 "加" 函数和 "减" 函数。"加" 函数和 "减" 函数的运算结束后，将输出新的数据值。数值将被传输至显示控件接线端，并更新前面板显示控件（如图 2-13 中的 $a+b$ 和 $a-b$）。

　　图 2-13 所示的接线端属于前面板上的 4 个输入控件和显示控件。由于接线端表示 VI 的输入和输出，子 VI 和函数也有接线端。例如："加" 函数和 "减" 函数的连线板有 3 个节点接线端。右键单击函数节点，从快捷菜单中选择**显示项→接线端**，可在程序框图中显示函数接线端。

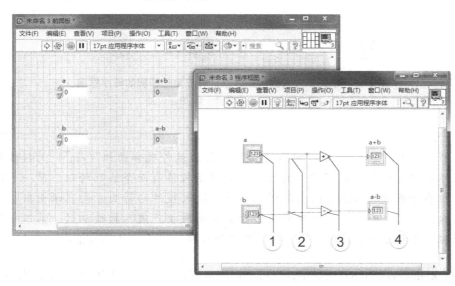

图 2-13　程序框图及其相应前面板的范例

1—输入控件接线端　2—连线　3—节点　4—显示控件接线端

　　考虑计算三角形面积的算法：面积 $= 0.5 \times$ 底 $\times$ 高

　　在该算法中，底和高是输入，面积是输出。如图 2-14 所示。常量 0.5 无须出现在前面板上，除非作为算法的说明信息。

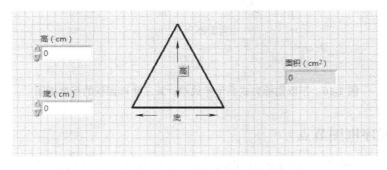

图 2-14　计算三角形面积的前面板

图 2-15 显示了在 LabVIEW 程序框图上实现该算法的一种方式。该程序框图有 4 个不同的接线端，分别由 2 个输入控件、1 个常量和 1 个显示控件组成。

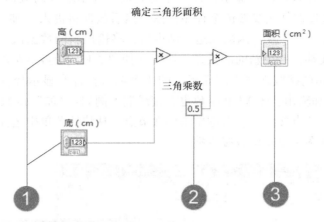

图 2-15　以图标方式显示接线端计算三角形面积的程序框图
1—输入控件　2—常量　3—显示控件

> **注意**
>
> 程序框图中的底（cm）和高（cm）的接线端外观和面积（cm²）的接线端外观不一样。在程序框图中，输入控件和显示控件有两个区别特征。第一个区别特征在于表示数据流方向的接线端箭头。输入控件的箭头方向显示出数据是流出接线端的，而显示控件的箭头方向显示出数据是流入接线端的。第二个区别特征在于接线端的边框。输入控件的边框较粗，显示控件的边框较细。

接线端既可以图标方式显示，也可不以图标方式显示。图 2-16 所示为不以图标方式显示接线端的同一个程序框图，但是输入控件和显示控件的区别特征还是一样的。

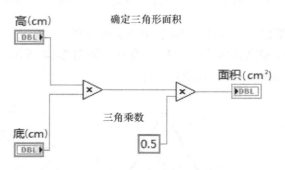

图 2-16　不以图标方式显示接线端计算三角形面积的程序框图

2.4.2　程序框图节点

节点是具有输入/输出端的程序框图对象，并在 VI 运行时执行操作。节点相当于文本编程语言中的语句、运算符、函数和子程序。节点可以是函数、子 VI 或结构。结构是过程控制元素，比如条件结构、For 循环或 While 循环。此前中的"加"函数和"减"函数是函数节点。

1. 函数

函数是 LabVIEW 中的基本操作元素。函数没有前面板或程序框图窗口，但有连线板。双击一个函数即选择该函数。函数图标的背景为淡黄色。

2. 子 VI

子 VI 是建立在其他 VI 内部的 VI 或者函数选板上的 VI。

任何 VI 都可以用作子 VI。双击程序框图中的子 VI，将出现该子 VI 的前面板窗口。前面板包括输入控件和显示控件。程序框图包括连线、图标、函数，也可能有子 VI 和其他 LabVIEW 对象。VI 图标显示在前面板和程序框图窗口的右上角。将 VI 放置在程序框图中作为子 VI 时，程序框图上显示的即是该 VI 的图标。

子 VI 也有可能是 Express VI。Express VI 所需的连线节点最小，可以用对话框对它们进行设置。使用 Express VI 可以实现一些常规的测量任务。也可将设置好的 Express VI 保存为一个子 VI。更多关于由 Express VI 创建子 VI 的信息见 LabVIEW 帮助中的 Express VI 主题。

LabVIEW 使用彩色图标以区分 Express VI 和程序框图上的其他 VI。程序框图中 Express VI 的图标为浅蓝色背景，而子 VI 为黄色背景。

3. 可扩展节点和图标

VI 和 Express VI 可用图标或可扩展节点的形式显示。可扩展节点通常显示为彩色背景的图标。子 VI 的底色为黄色，Express VI 为蓝色。使用图标可节省程序框图的空间。可扩展节点更易于连线，并且有助于用户添加程序框图说明信息。默认情况下，子 VI 在程序框图上显示为图标，Express VI 则显示为可扩展节点。右键单击子 VI 或 Express VI，取消勾选显示为图标快捷菜单项，将以可扩展节点的形式显示子 VI 或 Express VI。

改变可扩展节点的大小可使连线更容易，但是这样也会占用程序框图的大量空间。按照下列步骤，在程序框图中以改变节点大小。

1）将定位工具移至节点。调节柄将出现在节点的顶部和底部。

2）移动光标到调节柄处将光标变成调节大小的光标。

3）用改变尺寸的光标向下拖曳节点边界，就会显示另一个接线端。

4）松开鼠标键。

将节点边界拖曳出程序框图窗口，然后释放鼠标键，可取消调节尺寸的操作。图 2-17 所示为不同显示方式的"基本函数发生器" VI。

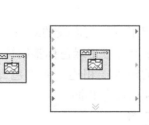

图 2-17 不同显示方式的"基本函数发生器" VI

> **注意**
>
> 如果以可扩展节点的形式显示子 VI 或 Express VI，该节点的接线端将不能显示，也不能启用该节点的数据库访问。

2.4.3　连线

连线用于在程序框图各对象间传递数据。在图 2-13 中，输入控件和显示控件接线端通过连线连接到"加"函数和"减"函数。每根连线只有一个数据源，但可以与多个读取该数据的 VI 和函数相连。不同数据类型的连线有不同的颜色、样式和宽度。

断线 ----------✕----- 显示为一条中间带有红色 ✕ 的黑色虚线。出现断线的原因很多，例如：试图连接数据类型不兼容的两个对象时就会产生断线。

表 2-1 列出了常见的连线类型。

表 2-1　常见的连线类型

连线类型	标　　量	一维数组	二维数组	颜　　色
数值				橙色（浮点数） 蓝色（整数）
布尔				绿色
字符串				粉红色

LabVIEW 中，连线用于连接多个接线端，从而在 VI 中传递数据。连线连接的输入端和输出端必须与连线上传输的数据类型兼容。例如：数值输出端不能连接到数值输入端。另外，连线的方向必须正确。连线必须有一个输入和至少一个输出。例如：不能在两个显示控件间连线。决定连线兼容性的因素包括输入/显示控件的数据类型和接线端的数据类型。

1. 数据类型

数据类型表明了可相互连线的对象、输入和输出。例如：开关的边框为绿色，它可与 Express VI 上任意带绿色标签的输入端相连。如旋钮的边框为橙色，它可与任意带橙色标签的输入端相连。而橙色旋钮无法与带绿色标签的输入端相连。注意：连线与接线端的颜色相同。

2. 自动连线对象

将选中对象移至程序框图上其他对象旁时，LabVIEW 将用临时连线显示有效的连线方式。释放鼠标键，将对象放置在程序框图上时，LabVIEW 会自动进行连线。也可对程序框图上已经存在的对象进行自动连线。LabVIEW 将对最匹配的接线端进行连线，对不匹配的接线端不予连线。

使用定位工具移动一个对象时，按空格键可切换到自动连线模式。

默认状态下，从函数模板中选择对象，或者通过按〈Ctrl〉键并拖曳对象复制一个已经存在于程序框图上的对象时，将启用自动连线方式。默认状态下，使用定位工具移动程序框图上已经存在的对象时，将禁用自动连线。

通过选择**工具→选项**，然后从类别列表中选择程序框图，可调整自动连线设置。

3. 手动连线对象

将连线工具移至接线端时，将出现含有接线端名称的提示框。另外，即时帮助窗口和图标上的接线端都将闪烁，以帮助确认正确的接线端。将连线工具移至第一个接线端上并单击，然后将光标移动到第二个接线端再次单击，就可在这两个对象之间创建连线。连线结束后，右键单击连线，从快捷菜单中选择整理连线，可使 LabVIEW 自动选择连线路径。按〈Ctrl + B〉可删除在程序框图中的所有断线。

2.4.4　函数选板

函数选板中包含创建程序框图所需的 VI、函数和常量。选择**查看→函数选板**，可从程序框图访问函数选板。函数选板被分成不同的类别，可以根据需要显示和隐藏这些类别。在图 2-18 中，函数选板显示了所有类别，并展开了编程类别。本教材中，大多数操作是在编程类别中。

图 2-18　函数选板

在选板上单击查看按钮，然后勾选或取消勾选始终显示类别选项，可显示或者隐藏相应的类别。

2.4.5　程序框图工具栏

运行 VI 时，在程序框图工具中显示的按钮可用于调试 VI。以下是在程序框图中出现的工具栏。

单击**高亮显示执行过程按钮**，可在单击运行按钮时显示程序框图的动态执行过程。注意程序框图中数据的流动情况。再单击该按钮可以停止执行高亮显示。

单击**保存连线值按钮**可保存执行时数据流中各个点的连线值，将探针置于连线上时，用户可以马上获取通过该连线的最新数据值。在获取连线上的值之前，VI 必须至少成功运行一次。

单击**单步步入按钮**，将打开一个节点然后暂停。再次单击单步步入按钮，将执行第一个操作，并在 VI 或结构的下一个操作暂停。也可以按〈Ctrl〉键和向下箭头。单步执行 VI 是指逐个节点执行 VI。每个节点在准备执行时会闪烁。

单击**单步步过按钮**，将执行一个节点而在下一个节点处暂停。也可以按〈Ctrl〉键和向右箭头。通过步过执行节点，将不会单步步入执行节点。

单击**单步步出按钮**，将完成对当前节点的执行并暂停。VI 执行结束后，**单步步出按钮**将变为灰色。也可以按〈Ctrl〉键和向上箭头。通过步出执行，可单步执行节点并定位至下一个节点。

如果 VI 中包括警告并且勾选了**错误列表**窗口中的**显示警告**复选框，将会出现警告列表按钮。警告意味着程序框图存在潜在的问题，但是它不会阻止 VI 运行。

2.5　搜索控件、VI 和函数

选择**查看→控件**或**查看→函数**，将打开控件或函数选板，选板顶部会出现两个按钮。

搜索：将选板转换为搜索模式，基于文本查找选板上的控件、VI 或函数。选板处于搜索模式时，单击返回按钮可退出搜索模式，返回选板。

查看：提供当前选板的模式选项、显示或隐藏所有选板的类别，以及在文本和树形模式下按字母顺序对选板上各项进行排序。单击查看按钮，从快捷菜单中选择选项，显示选项对话框的控件/函数选板类别，为所有选板选择显示模式。只有当单击选板左上角的图钉将选板锁住时，该按钮才会显示。在熟悉 VI 和函数的位置之前，可以使用搜索按钮搜索函数或 VI。例如：如需查找"随机数"函数，可在函数选板工具条上单击搜索按钮，在选板顶部的文本框中键入随机数。LabVIEW

会列出所有匹配项，包括以键入文本作为起始的项和内容包含键入文本的项。如图 2-19 所示，可以单击某个搜索结果并将其拖曳进入程序框图中。

图 2-19　在函数选板中搜索一个对象

2.6　创建一个简单的 VI

大多数 LabVIEW VI 有三个主要任务：采集某种数据、分析所得到的数据以及显示结果。如果其中每个部分都很简单，可以使用程序框图中非常少的对象完成整个 VI。Express VI 专门用于完成常用操作。这个部分将讲述下列各个类别中的一些 Express VI：采集、分析和显示。还会介绍到如何使用这三部分创建一个简单的 VI，如图 2-20 所示。在函数选板上，Express VI 位于 Express 类别中，Express VI 采用动态数据类型在 Express VI 间传递数据。

2.7　选择工具

使用 LabVIEW 提供的工具可以新建、修改和调试 VI。每个工具都对应于鼠标的一个操作模式。鼠标的操作模式对应于所选工具的图标（见图 2-21）。LabVIEW 将根据鼠标的当前位置选择相应的工具。

> 😎 **提示**
>
> 在工具选板中可手动选择所需工具。选择**查看→工具选板**，打开工具选板。

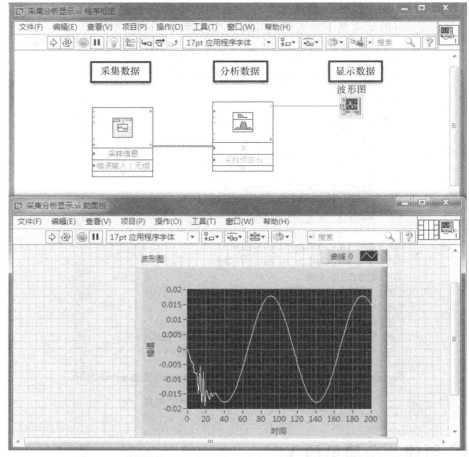

图 2-20　前面板和程序框图窗口进行采集、分析和显示的范例

图 2-21　工具选板

2.7.1　操作工具

当鼠标变成 🖑 时，表明正在使用操作工具。操作工具可用于改变输入控件的值。例如：在图 2-22 中，通过操作值工具移动"水平指针滑动杆"。当鼠标移至指针上方时，光标会变为操作工具。操作工具大多用于前面板窗口，但也可用于在程序框图窗口中操作递增/递减按钮。

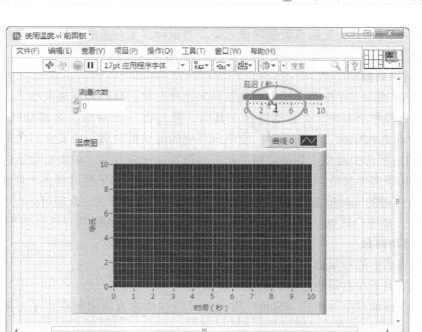

图 2-22　使用操作工具

2.7.2　定位工具

当鼠标显示为 时，表示正在使用定位工具。定位工具可用于选择对象或者改变对象大小。例如：在图 2-23 中，使用操作值工具选择测量次数数值控件。选择

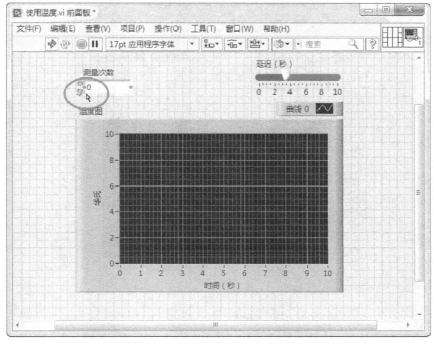

图 2-23　使用定位工具选择对象

对象后，可以移动、复制或者删除该对象。当鼠标移至对象的边界时，会自动转换为定位工具。

1. 选择对象

在前面板和程序框图中使用定位工具来选择对象，移动和调整大小。

1）选择单个对象。在自动选择工具时，要选择一个对象，多移动几个位置，同时多单击几次鼠标，当选中时，会出现环绕的虚线框轮廓。或者在对象的外边单击并拖拽边框选中对象。如果使用手动工具选择就比较容易。单击对象就选中了。

2）选择多个对象，自动工具和手动工具没有区别。如果要选择多个对象，可以按〈Shift〉键的同时单击要选择的对象，取消一个对象再单击一次即可。也可通过单击对象附近的空白区域，拖曳光标直到全部所希望的对象都出现在选择矩形框内。

2. 移动对象

1）对选中的对象拖曳可以移动对象到希望的位置。

2）用上下左右箭头也可以精确移动对象。

3）在移动对象时按住〈Shift〉键，可以将移动的方向限制在水平方向或者垂直方向。

4）如果移动到了不希望的位置可以从编辑中取消移动。

3. 调整对象大小

调节大小句柄，也就是蓝色的小实矩形对象，出现在对象的各角；有些对象能在水平或垂直方向上改变大小。如果鼠标移至对象的调节尺寸节点上，光标模式将显示为该对象可以被改变大小，如图 2-24 所示。

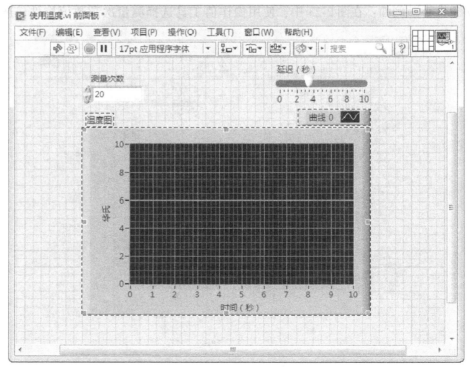

图 2-24　使用定位改变对象大小

> **注意**
>
> 当光标移至"XY 图"角上的调节尺寸节点时，光标将变成双箭头。定位工具既可以用在前面板窗口中，也可以用在程序框图中。

2.7.3 标签工具

当鼠标变成 时，表明正在使用标签工具。使用标签工具可以在输入控件中输入文本、编辑文本和创建自由标签。例如：图 2-25 所示为使用标签工具在测量次数数值控件中输入文本。当鼠标移至控件内部时，它会转换为标签工具。单击可将其置于控件内部，双击可选中当前文本。

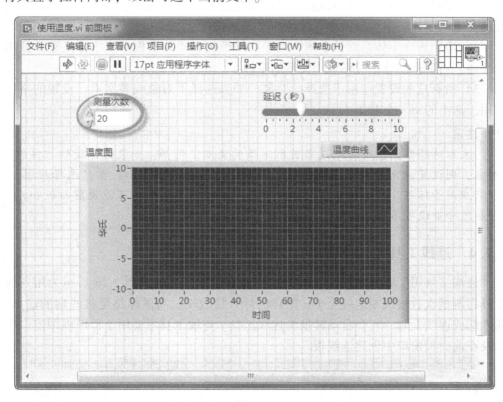

图 2-25 使用标签工具

标签是给前面板和程序框图组件作注释的文本框。有两种标签：自由标签和固有标签。

自由标签不附加于任何对象上，可以独立的创建、移动及处理它们。主要用它们给前面板和程序框图作注释。自由标签是为程序作注释的一种好方法。当鼠标不在可以改变其模式的前面板或者程序框图的特殊区域时，将显示为十字线。处于十字线模式时，双击可以访问标签工具并创建一个自由标签。

固有标签与特定的对象一起移动并且仅描述该对象，用户可以隐藏这些标签，但是不能复制或删除它们。

1. 创建标签

1）创建自由标签：选择标签工具，输入文字。小键盘 Enter 结束输入。

2）当创建新的输入控件和显示控件时，固有的标签会自动出现，处于输入状态。如果不立即输入文本，将保留默认的标签。

3）要为现有的对象创建固有的标签，选择标签工具修改。

4）标签的文本可以复制。

5）标签可以调整大小，与调整其他对象类似。通常自动调整，如果不选择自动调整，从快捷菜单中选择**调整为文本大小**。

2. 改变字体、字型和文本大小

1）使用工具条上的文本设置，可以改变标签、输入控件、显示控件中显示的任何文本的字体、字型、大小、颜色和对齐方式。

2）应用程序字体是默认字体，用于控件模板和函数模板系统字体是菜单使用的字体，对话框字体是对话框中文字的字体。

3）所有这些设置应用于选择的对象。如果选择了对象或者文本，设置的字体作用于选中的每一个对象。

> **注意**
>
> 文本选择影响整个对象或当前所选择的文本。例如：如果选择旋钮控件作对象，则设置应用于整个旋钮，包括刻度、标签和数字显示。当只选择标签，则只应用于标签。当选择刻度时，所有的刻度数字都变化。可以为前面板和程序框图分别设置不同的字体。

2.7.4 连线工具

连线工具用于将程序框图上的对象连接在一起。例如：图 2-26 所示为用连线工具将测量次数接线端连线至 For 循环的计数接线端。当鼠标移至接线端的输出/输入端或连线上时，它会自动转换为连线工具。连线工具主要用于程序框图窗口中以及在前面板窗口中创建连线板。

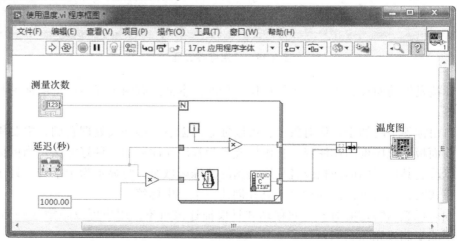

图 2-26　使用连线工具

1. 选择和删除连线

连线是端子间的数据路径，类似于文本语言中的变量。连线是程序设计中较为复杂的问题。单个水平或垂直的连线段称为线段。用来连接不同方向的线段称为拐点，三条线段以上的公共点称为分支点。单击选中线段，双击选中拐点两边的两条线段，三击选中与该点相连的所有线段。

2. 连线延长和断线

当移动对象时，连线自动伸缩，线型为波浪号的连线表示断线。出现断线的原因有以下几种：

1）连线类型、维数、部件或元素冲突。

2）连线有多个源。

3）连线没有源。

4）连线循环。

出现断线，解决的办法，可以用删除对象的方法删除。

当需要连接两个端点时，在第一个端点上单击连线工具（从工具模板栏调用），然后移动到另一个端点，再单击第二个端点。端点的先后次序不影响数据流动的方向。

当把连线工具放在端点上时，该端点区域将会闪烁，表示连线将会接通该端点。当把连线工具从一个端口接到另一个端口时，不需要按住鼠标键。当需要连线转弯时，点击一次鼠标键，即可以正交垂直方向地弯曲连线，按空格键可以改变转角的方向。

接线头是为了帮助正确连接端口的连线。当把连线工具放到端口上，接线头就会弹出。接线头还有一个黄色小标识框，显示该端口的名字。

可以通过使用定位工具单击断线再按下〈Delete〉来删除它。选择**编辑→删除断线**或者按下〈Ctrl + B〉可以一次删除流程图中的所有断线。

2.7.5　从选板访问的其他工具

除了使用自动工具选择模式外，从工具选板中可以直接选择"操作"工具、定位工具、标签工具和连线工具。选择**查看→工具**选板，可访问工具选板。

工具选板的顶部是"自动工具选择"。它被选中时，LabVIEW 将根据光标的当前位置自动选择工具。如果需要关闭自动工具，可以取消选择或者选择选板中的其他项。选板中的其他工具如下：

对象快捷菜单工具用于通过鼠标左键访问对象的快捷菜单。

滚动窗口工具可在不使用滚动条的情况下，在窗口实现滚动。

断点工具用于在 VI、函数、节点、连线和结构中设置断点，断点位置将暂停运行。

探针工具用于在程序框图的连线上创建探针。使用探针工具可查看产生问题或意外结果的 VI 中的即时值。

取色工具用于获取上色工具使用的颜色，用于为对象上色。上色工具也显示了当前的前景和背景颜色设置。

2.8 数据流

LabVIEW 是程序框图的数据流系统，程序框图上的可执行节点由连线连接，节点之间的连线表明一个节点产生的数据为另一个节点所用。当节点获得所有必需的输入数据后，节点将执行并将产生的输出数据传递给程序框图上的另一个节点。

Visual Basic、C++、JAVA 以及绝大多数其他文本编程语言都遵循程序执行的控制流模式。在控制流中，程序元素的先后顺序将决定程序的执行顺序。

图 2-27 所示为一个数据流编程的范例，考虑一个实现两个数字相加的程序框图，然后从结果中减去 50。在这个范例中，程序框图从左向右执行，这并非因为对象的放置顺序，而是因为"减"函数必须在"加"函数执行完，并将数据传到"减"法函数前时才执行。节点只有在所有输入接线端数据准备好后才能执行，只有在节点完成执行后才能向输出接线端提供数据。

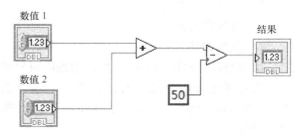

图 2-27　数据流编程范例

在图 2-28 中，思考哪段代码先执行"加""随机数"，或是"除"函数。用户无法知道答案，因为"加"和"除"函数的输入同时准备好，而随机数没有输入。在一个代码段必须在另一个前执行，并且两个函数间没有数据依赖关系的情况下，可以采用其他编程方法（如错误簇）强制设定执行的顺序。

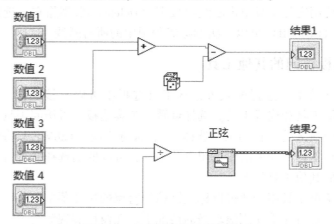

图 2-28　多代码段的数据流范例

2.9 项目浏览器

项目用于对 LabVIEW 文件和非 LabVIEW 文件进行分组、创建生成规范以及在终端上部署或下载文件。保存项目时，LabVIEW 会创建一个项目文件（.lvproj），其中包括对项目中文件的引用信息、配置信息、生成信息以及部署信息等。

必须使用项目创建应用程序和动态链接库。实时系统（RT）、现场可编程门阵列（FPGA）或个人数字助手（PDA）终端也都必须通过项目进行操作。关于在 Lab-VIEW 实时（RT）、FPGA 和 PDA 模块中使用项目的更多信息见特定模块的相关文档。

2.9.1　项目浏览器窗口

项目浏览器窗口用于创建和编辑 LabVIEW 项目。选择**文件→新建项目**，显示项目浏览器窗口。也可选择**项目→新建项目**或新建对话框中的项目，显示项目浏览器窗口。默认状态下，项目浏览器窗口包括以下各项：

项目根目录：包含项目浏览器窗口中所有其他项。项目根目录上的标签包括该项目的文件名。

我的电脑：将本地计算机表示为项目中的一个终端。

依赖关系：包括某个终端下 VI 的所需项。

程序生成规范：包括源代码发布的程序生成配置以及 LabVIEW 工具包和模块支持的其他生成。如果已经安装了 LabVIEW 专业版开发系统或应用程序生成器，可以使用程序生成规范配置独立的应用程序（EXE）、共享库（DLL）、安装程序和压缩文件。

> **提示**
> 终端为可以运行 VI 的任意设备。

在项目中添加终端时，LabVIEW 会在项目浏览器窗口中创建一个新项，用于表示终端。每个终端也包括依赖关系和程序生成规范。各个终端都可以添加文件。

2.9.2　项目相关工具栏

使用工具栏按钮在 LabVIEW 项目中执行操作。工具栏位于项目浏览器窗口的顶端，如图 2-29 所示。有时需展开项目浏览器窗口才能查看所有工具栏。

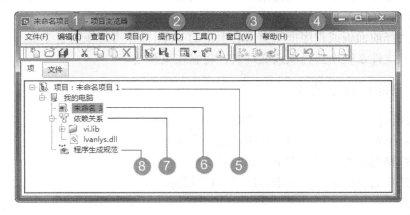

图 2-29　项目浏览器窗口

1—标准工具栏　2—项目工具栏　3—生成规范工具栏　4—源代码控制工具栏
5—项目根目录　6—终端　7—依赖关系　8—程序生成规范

选择**查看→工具栏**，然后选择需显示或隐藏的工具栏，可以更改窗口中显示的工具栏。也可右键单击工具栏的空白区域并选择需隐藏或显示的工具栏。

2.9.3 创建一个 LabVIEW 项目

按照下列步骤，创建项目。

1）选择**文件→新建项目**，显示项目浏览器窗口。也可选择新建对话框中的**项目→项目**，显示项目浏览器窗口。

2）在终端中添加项目所需包含的项。

3）选择**文件→保存项目**，保存项目。

2.9.4 向项目中添加已有文件

可以将已有文件添加到项目中。使用项目浏览器窗口中的我的电脑项（或其他终端），为 LabVIEW 项目中添加文件，如 VI 或文本。

可通过下列方式为项目添加文件：

1）右键单击我的电脑，从快捷菜单中选择**添加文件**，添加文件。也可选择项目浏览器菜单中的**项目→添加至项目→添加文件**，添加文件。

2）右键单击终端，从快捷菜单中选择添加文件夹，添加文件夹。

3）选择**项目→添加至项目→添加文件夹**，添加文件夹。选择磁盘上一个文件夹可添加整个文件夹的内容，包括文件和子文件夹的内容。

4）右键单击终端，从快捷菜单中选择**新建→VI**，添加一个新的 VI。也可选择**文件→新建 VI 或项目→添加至项目→新建 VI**，添加新的 VI。

5）选择前面板或程序框图窗口右上角的 VI 图标并将其拖曳至终端。

6）从文件系统中选择项或文件夹，将它拖曳至终端。

2.9.5 删除项目中的项

可以通过下列方式在项目浏览器窗口中删除项：

1）右键单击需删除的项，从快捷菜单中选择删除。

2）选择需删除的项，按下〈Delete〉键。

3）选择需删除的项，单击标准工具栏的删除按钮。

2.9.6　组织项目中的项

在项目浏览器窗口中利用文件夹组织各项。右键单击项目根目录或终端，从快捷菜单中选择**新建→文件夹**，添加一个新文件夹。也可以右键单击已有文件夹，从快捷菜单中选择**新建→文件夹**，创建子文件夹。

在文件夹中可重新排列各项。右键单击文件夹，从快捷菜单中选择**排列→名称→按字母顺序排列**各项。右键单击文件夹，从快捷菜单中选择**排列→类型**，按文件类型排列各项。

2.9.7　查看项目中的文件

为 LabVIEW 项目添加文件时，LabVIEW 会在磁盘上保存文件引用。

1）右键单击项目浏览器窗口中的文件，从快捷菜单中选择打开，以默认方式打开文件。

2）右键单击项目，从快捷菜单中选择**查看→完整路径**，查看项目引用的文件保存在磁盘中的位置。

3）使用项目文件信息对话框查看项目引用的文件在磁盘和项目浏览器窗口中的位置。选择**项目→文件信息**打开项目文件信息对话框。右键单击项目，从快捷菜单中选择**查看→文件信息**打开**项目文件信息**对话框。

2.9.8　保存项目

可以通过以下方式保存 LabVIEW 项目：

1）选择**文件→保存项目**。

2）选择**项目→保存项目**。

3）右键单击项目，从快捷菜单中选择保存。

4）在项目工具栏上单击保存项目按钮。

在保存项目前，必须先保存新建的未保存的文件。保存项目时，LabVIEW 不会将依赖关系作为项目文件的一部分进行保存。

> **注意**
>
> 对项目进行重大修订前应对项目进行备份。

习　　题

2-1　新建一个 VI，进行如下练习：

任意放置几个控件在前面板，改变它们的位置、名称、大小、颜色等。在 VI 前面板和后面板之间进行切换并排列前面板和后面板窗口。前面板控件如图 2-30 所示。

2-2　编写一个 VI 求三个数的平均值，如图 2-31 所示。

要求对三个输入控件等间隔并右对齐，对应的程序框图控件对象也要求如此对齐。添加注释，分别用普通方式和高亮方式运行程序，体会数据流向。单步执行一遍。

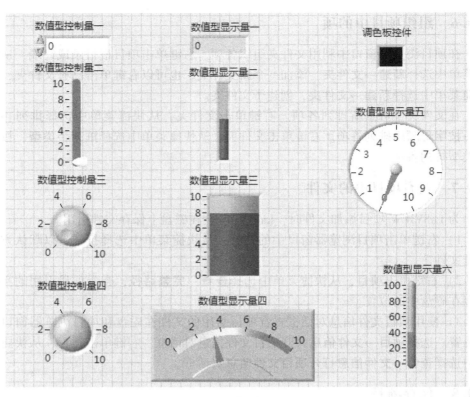

图 2-30　前面板控件

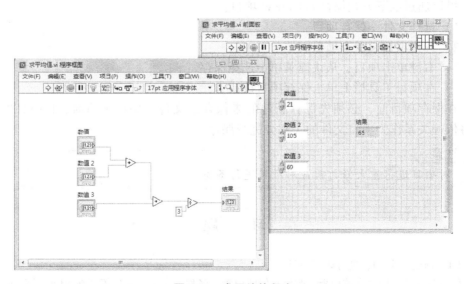

图 2-31　求平均值程序

2-3　创建 VI，使用水平滑动条控件作为输入，仪表指示器用于输出显示，如图 2-32 所示。程序框图中的一对骰子，表示随机数图标。当运行 VI 时，由水平滑动条提供的任何输入都将反映在仪表指示器上，在运行模式下改变水平滑动条，观察输出控件。

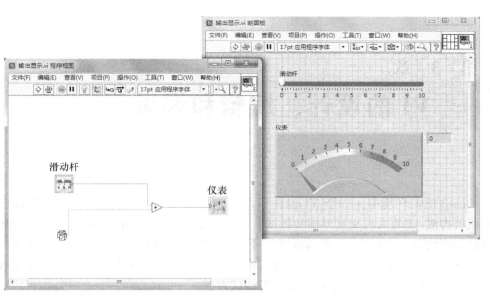

图 2-32　水平滑动条控件和仪表显示器

第 3 章

VI 的设计、编辑和调试

LabVIEW 环境中，一个 VI 包含三部分：前面板、程序框图及图标/连接板。前面板构成 VI 的人机交互界面和数据、图形显示界面；程序框图用来放置 VI 的可执行程序代码；图标/连接板构成区别不同 VI 的图形符号，而连接板也定义了 VI 的数据输入和输出。虚拟仪器的设计实质就是 VI 三个部分的设计。本章讨论了 VI 界面设计的原则，并介绍了各种编辑和调试方法。

3.1 VI 的设计

对于一款优秀的软件，用户界面总是简洁明了，令人愉悦的。界面设计的内涵并不意味着一定新颖、华丽。漂亮的界面只能是锦上添花，评判一个界面优劣最重要的指标首先是这个界面是否完成了它的交互功能：用户可以通过界面为程序提供必要的信息，用户可以通过界面接收到需要的信息。其次是通过这个界面用户是否可以简单直观地输入或获取信息。最后才是界面的美观程度。LabVIEW 拥有出色的界面工具，为软件界面设计提供了强大的支持。

3.1.1 VI 设计的基本原则

软件界面事关用户对软件的整体印象，影响着用户的使用意愿。在 VI 界面的设计过程中大致要遵循的基本原则如下：

1）简洁。要求软件易学易记，功能模块化，减少不同功能之间的相互耦合。

2）有效。保证软件运行可靠，使用安全。

3）合理。布局合理，恰当使用颜色，尽可能给使用者带来愉悦。

3.1.2 界面的一致性

设计易学易记，简单实用的前面板，至为关键的一点是保持界面的一致性，这里所说的一致性包含以下内容：

1. 风格的一致性

针对不同行业、不同领域的用户群体，不同的软件可以有自己独特的风格。设计者可以根据用户需求、市场反馈或者自己的企业文化进行设计。比如，为小学生设计的软件界面可以加一些卡通图片，使界面生动活泼；而面向专业技术人员的软件界面，应当柔和、朴素。NI 产品的颜色基本为四种：深蓝色、明黄色及黑、白两色。其中，深蓝色是 NI 公司的主色调，这也是 NI "企业文化" 的一部分。简言之，不论一个程序采用的是什么风格，内部的不同界面（比如对话框）、同一界面上的不同控件等，它们的风格应当保持一致。一个软件采用统一的风格，才会给用户完美的体验感。

LabVIEW2015 中前面板有四种不同风格的控件：新式风格、银色风格、系统风格、经典风格，如图 3-1 所示。

图 3-1　四种不同风格的控件

经典风格是用户搭建低色显示器所需的输入控件和显示控件集合，一般不再使用这种风格的控件。银色风格控件包含用户搭建大多数前面板所需的可替换的扩展输入控件和显示控件。在不同的 VI 运行平台上，银色控件的外观也不同。LabVIEW2015 使用了一些重新设计得非常美观的立体效果控件，这是新式风格的控件。编写测试领域的软件，可以首先考虑使用这类控件。

系统风格的控件外观与操作系统保持一致。希望用户比较易于接受编写的软件时就可以使用这类控件。使用这类控件编写的界面，与系统自带的程序看上去风格非常一致。系统风格的控件会随着系统的不同和系统设置的不同而随之调整。

但是，LabVIEW 特有的控件，比如波形显示控件等，是没有系统风格的。

2. 与约定俗成的习惯保持一致

与约定俗成的习惯保持一致，可以提高软件的实用性，使得用户使用软件工作更有效率。例如：阅读习惯一般是从左到右，从上到下，那么把重要的部分放在左上角，用户就会很容易找到，省时省力。再比如默认的 Windows 应用程序界面标题栏右上角依次是最小化、还原、关闭的功能，这种布局已经为广大用户所熟悉，如果在软件界面中把这三个功能键放到标题栏的左上角，那么就会让人感觉很别扭，从内心抵触软件。

大多数软件在更新换代中，风格是一致的，界面也是相似的，不会有突然重大的改变，比较典型的是 Microsoft 的 Office 系列办公软件。

3. 界面与传统仪器一致

LabVIEW 擅长于对各类传统仪器的模仿，编写的程序往往与测量、控制等有关，在这些领域，原本也存在着一些相关的仪器或设备。因此软件的界面可以借鉴这些仪器的外观。比如需要实现的程序要完成一个类似示波器的功能，那么界面最好设计得和传统的示波器一样：一边是现实波形的控件，周围有调节垂直、水平方向范围的按钮等。这样，用户只要曾经用过示波器，不需要再学习任何知识，直接就可以使用该软件了。NI 公司开发的 Soft Front Panel 产品（见图 3-2）可以看作是与真实事物保持一致的一个很好范例。

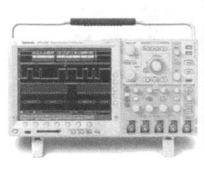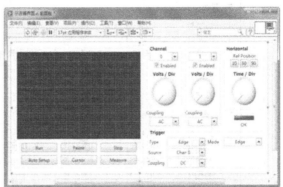

图 3-2 软前面板（Soft Front Panel）

4. 建立并遵循界面规范

使界面保持一致性的最好办法就是在设计开发时遵循一定的规范。这个规范可以由公司内部定义，也可以遵循现有的行业规范。对于开发 Windows 系统风格的程序，可以遵循微软定义的界面规范。而对于一般的 LabVIEW 程序，可以遵循 LabVIEW 程序开发规范。

3.1.3 元素的关联性

1. 间隔与对齐

图 3-3 所示为整齐的菜单与杂乱的菜单。

显然用户更喜欢条理清晰、组织合理的那个菜单。当一个界面上的元素比较多时，找到自己想要的信息就要花上一小段时间。把相关的元素放在一起，很多时候能起到事半功倍的效果。

图 3-3　整齐的菜单（左）与杂乱的菜单（右）

有很多手段可以把界面上元素之间的关联显示给用户，比如通过元素的排布、边框、空白、颜色、字体等方式。用户总是在相关内容的附近去找想要的信息，所以逻辑上相关的控件或项目，应当在屏幕空间上相对临近。比如刚刚看到的菜单，保存、另存为、保存全部等与保存相关的条目应当排在一起。仅仅把相关内容摆在一起还不够，如图 3-3 所示（右）菜单，有二十多个条目，单纯地把它们排在一起还是不够清晰。按功能把它们分成几个不同的区域，用分隔线将保存文件与项目的操作等在功能上相对独立一些的项目划分开。对于面板上的控件，功能相关的几个控件可以通过被边框围住、使用分割线、采用不同的间隙等方法，让用户直观地感觉到它们在功能上的紧密关联。

2. 颜色的使用

表达元素之间关联性的另一种方法是配色。恰当地使用颜色可以改善用户界面的外观和功能。但是，过多地使用颜色反而会使用户界面看上去杂乱无章。现实中有很多通过颜色来表达关联性的例子，比如说在工业中红色一般用于指示紧急情况，拉响警报；黄色一般用于引起重视，作为预警；绿色则一般用于表示状态正常。界面设计上当然也可以使用这种方式，为不同功能的控件设置不同的颜色，如图 3-4 所示的工控机界面。

LabVIEW 配置颜色的面板上分了几类不同的颜色区域。设计系统风格时，需要使用系统颜色。其他情况下，尽量使用柔和颜色，避免使用靓丽鲜艳的颜色。当信息量较大，需要把不同的信息区分开来的时候，就可以利用颜色来区分。比如Word 中标注有拼写错误的单词。

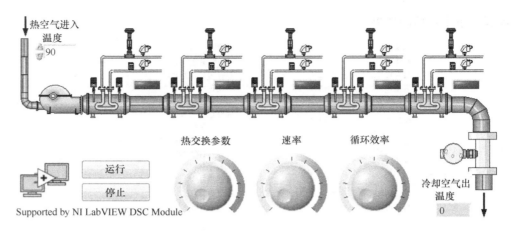

图 3-4　工控机界面

需要注意的是，颜色艳丽、对比度高的界面会使人视觉疲劳，让人觉得反感。

配色总体的应用原则是"总体协调，局部对比"。即是说界面的整体色彩效果应该是和谐的，只在局部的、小范围的地方可以有一些强烈色彩的对比。界面设计中的很多原则与艺术创作的原则一样，是以心理学中对人脑视觉认知的研究为理论依据的。

3. 层次的划分

有时还需要将同一类控件进行归类，从而使得界面看上去更有层次感。如果是比较少的控件，可以使用 LabVIEW 自带的装饰控件就可以很好地满足；而如果控件数相对较多时，则可以考虑使用选项卡控件；如果还有更高级的应用需求时，还可以考虑使用子面板控件来实现在同一个区域灵活显示不同的 VI 前面板。如图 3-5 所示的就是一个结合了装饰控件、选项卡控件以及子面板控件的界面实例。

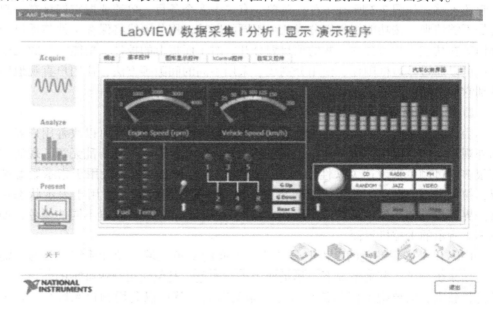

图 3-5　汽车测试界面

3.1.4　控件的使用

设计中控件的排放依据用户的需求，无关紧要的可以使"Tab"标签页分成主、从页排放。有些自定义控件可以由使用者来自行设计，丰富了控件的种类和功能。用于声光报警信号的控件，最好安放在比较醒目的位置，而声音报警也应能够关断或消声。

前面板上有些控件是无须显示给用户看的，这样的控件为"隐形"控件。比如：错误入、错误出及调试时相关信息的显示控件等，可以把这些控件放到前面板的可视范围之外或通过快捷菜单将其设定为隐藏。有时希望有一段提示文字直接出现在界面上，而用户看不到包裹它的控件。此时，就可以使用一个经典风格的字符串控件，然后用画笔把它的边框和背景都画为透明色即可。如图 3-6 所示为对波形图使用透明色的效果。

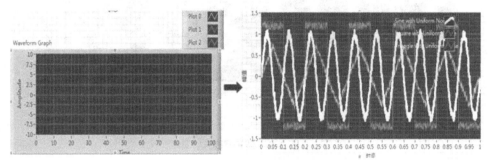

图 3-6　波形图的透明色使用效果

对于图形控件，LabVIEW2015 提供了波形图/波形图表、*XY* 图、强度图、图形控件以及 3D 控件等丰富的现成控件让用户方便地直接使用。

在传统的数据表达方式中，一般使用数组的形式来显示大量数据的不断变化，如图 3-7 所示。但并不能很直观地感受到这些数据背后所隐含的信息，而如图 3-8

数组表达　图形表达

Array	Array 2	Array 3				
-0.9795	-0.6308	-0.4268	0.95514	-0.4314	0.56554	-0.8268
-0.9649	-0.5104	-0.3691	0.93466	-0.4872	0.51264	-0.8605
-0.9465	-0.3880	-0.3101	0.9105	-0.5411	0.45771	-0.8908
-0.9244	-0.2640	-0.2497	0.88273	-0.5928	0.40098	-0.9175
-0.8987	-0.1390	-0.1885	0.85149	-0.6422	0.34267	-0.9407
-0.8693	-0.0134	-0.1264	0.81688	-0.6891	0.28301	-0.9601
-0.8366	0.11211	-0.0639	0.77905	-0.7332	0.22223	-0.9758
-0.8006	0.23728	-0.0011	0.73815	-0.7745	0.16057	-0.9876
-0.7614	0.36150	0.06164	0.69443	-0.8127	0.09827	-0.9955
-0.7192	0.48430	0.12419	0.64778	-0.8476	0.03555	-0.9994
-0.6741	0.60519	0.18625	0.59866	-0.8793	-0.0272	-0.9995
-0.6264	0.72369	0.24758	0.54719	-0.9074	-0.0899	-0.9955
-0.5762	0.83933	0.30792	0.49355	-0.9320	-0.1522	-0.9877
-0.5238	0.95166	0.36706	0.43797	-0.9529	-0.2140	-0.9760

图 3-7　数组表达

43

所示的波形图方式相比图 3-7 的数组就变得更为直观。

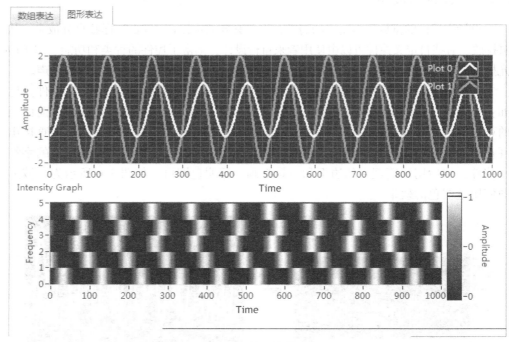

图 3-8　波形图表达

3D 控件使得数据的表达有了新的选择，即 3D 实物的显示。在 LabVIEW 中，可以利用 3D Mapping 导入任何 3D 模型文件，单击鼠标右键来设置传感器摆放的位置，然后代码连线完毕，运行 LabVIEW，就可以通过传感器的不同值输入来显示模型的各部分颜色，如图 3-9 所示。

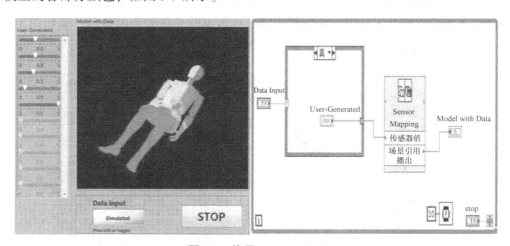

图 3-9　使用 3D Mapping

3.1.5　帮助和说明信息

良好的说明信息有助于 VI 的开发者维护并改进 LabVIEW 程序。为前面板添加说明信息有助于说明各个前面板控件的用途。为 VI 添加说明和帮助信息便于说明 VI 的用途，也便于今后对 VI 进行修改和维护。LabVIEW 中为用户提供提示主要通过以下几个手段：控件标签、提示框、即时帮助。此外也可以直接把帮助文字写在界面上。

1. 控件标签

含义明确的标签可以帮助 VI 开发者识别各个输入控件和显示控件的功能。每创建一个输入控件或显示控件时，LabVIEW 为控件创建一个默认标签，如 "数值" "布尔 1" "布尔 2" 等。通过双击默认标签，或是**属性**→**外观**选项卡修改控件的标签。前面板控件的标签对应于程序框图上接线端的名称。

2. 提示框

在 VI 运行过程中，光标移至对象上时显示对象的简要说明。例如：为一个布尔显示控件添加一个显示 "数值大于 90" 的提示框。右键单击控件，从快捷菜单中选择说明和提示，或是**属性**→**说明和提示**选项卡，为控件添加提示框，如图 3-10 所示。

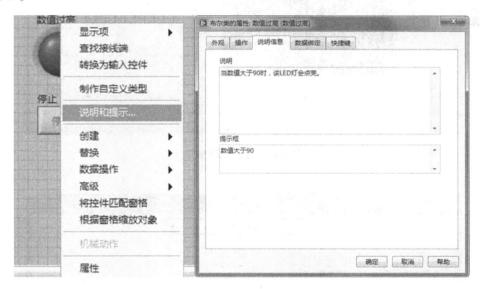

图 3-10　提示框

3. 说明

说明为特定的显示控件或输入控件提供更多的附加信息，打开即时帮助（Ctrl + H）后，当鼠标移至该控件，即时帮助窗口中会显示该控件的说明信息。例如：为布尔显示控件添加了 "当数值大于 90 时，该 LED 灯会点亮" 的说明信息。与提示框类似，从快捷菜单中选择说明和提示，或是**属性**→**说明和提示**选项卡，为控件添加说明信息，如图 3-11 所示。

在说明和提示对话框中，还可为函数选板上的 VI 和函数输入说明信息。即时帮助窗口不显示用户为函数输入的说明信息。VI 属性对话框中的说明信息组件可用于创建 VI 说明和从 VI 到 HTML 文件或已编译的帮助文件的链接。通过在前面板或程序框图上右键单击右上角的 VI 图标，从快捷菜单中选择 VI 属性，或者选择**文件→VI 属性**，来显示 VI 属性。然后从类别下拉菜单中选择说明信息组件（见图 3-12）。

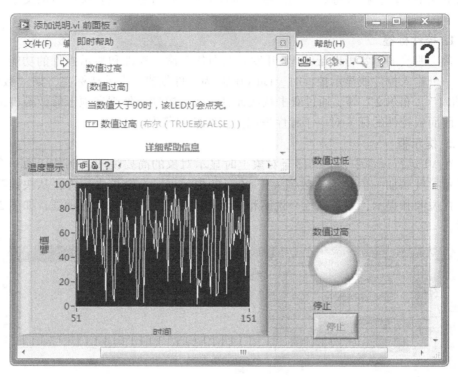

图 3-11　控件说明信息

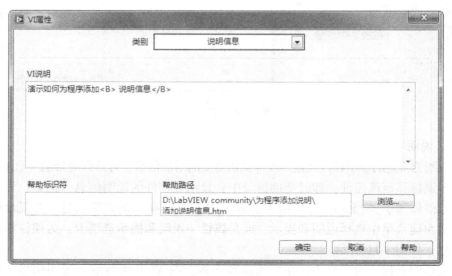

图 3-12　VI 说明信息

> **注意**
>
> VI 运行过程中无法访问该对话框。

说明信息选项页包括 VI 说明、帮助标识符、帮助路径和浏览。

1）VI 说明：该项中输入的文本信息会在光标移至前面板或程序框图右上角的 VI 图标上时出现在即时帮助窗口中。注意：在一段文本信息的前面添加"B"后面添加"/B"，可以使该段文本信息以粗体字显示。图 3-13 所示为添加 VI 说明后的即时帮助窗口。

2）帮助标识符：包括 HTML 文件名或已编译的帮助文件的主题关键字。注意：若帮助路径为 .htm 或 .html 文件的路径，则 LabVIEW 将忽略帮助标识符。若帮助路径为已编译的帮助文件（.chm 或 .hlp）的路径，则可通过帮助标识符将 VI 链接至帮助文件中的某个主题。

3）帮助路径：为从即时帮助窗口到 HTML 文件或已编译的帮助文件的链接路径。若该栏为空，在即时帮助窗口中将不会出现详细帮助信息链接，并且详细帮助信息按钮（?）将显示为灰色（见图 3-13），否则为蓝色。添加帮助路径后的即时帮助窗口如图 3-14 所示。

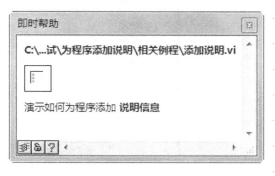

图 3-13　即时帮助窗口

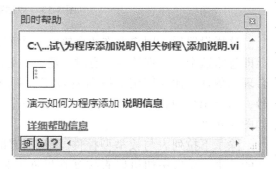

图 3-14　添加帮助路径后的即时帮助窗口

4）浏览：显示文件对话框，用于导入一个 HTML 文件或已编译的帮助文件的路径，作为帮助路径。

3.1.6　容错和限制

保障软件的可靠性是软件开发者的责任。如果用户误操作，或者提供了错误的数据给程序，稳定的程序可以组织程序继续运行并报告错误。但这毕竟是亡羊补牢的做法，更完美的解决方案应是从根源上杜绝误操作和错误的输入数据。所以，在做界面设计时，还应考虑如何限制用户的输入数据和操作。禁止误操作出现，把输入数据都限制在合理的范围内。

1. 限制输入数据

LabVIEW 的某些控件本身就带有对输入数据进行限制的功能。比如数值型控件，在它的属性对话框中的数据输入页，可以设置这个控件接受的数据范围。比如，有一个控件用来表示选取某个通道，可供使用的合法数据为通道 0 至通道 3，就可以在这一页把控件的最大值、最小值分别设为 3 和 0（见图 3-15）。

图 3-15　数据范围限制

这样设置后，用户也许还会输入一个不合理的数值，比如 99，但 LabVIEW 会立即忽略这个不合理数值。有时，还有更好的限制方法：让用户根本没办法选择不合理的数据。比如使用下拉列表与枚举型控件来表示通道号，这样用户只能在正确的值中选择一个。枚举型数据，如图 3-16 所示。

除了下拉列表与枚举型控件，单选按钮也可以起到同样的效果。单选按钮可以直接就在界面上显示出所有可供选择的值，并且可以附带对每个选项的详细解释。不经常被用到的对话框可以采用这种控件。图 3-17 所示为 VI 属性中设置密码的页面。

图 3-16　枚举型数据

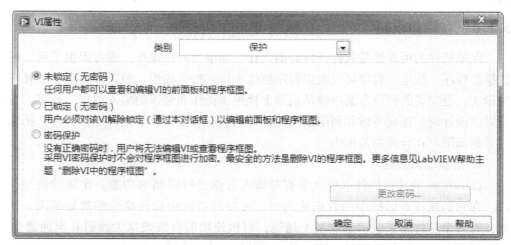

图 3-17　使用选择按钮的界面

2. 防止误操作

用户在操作过程中具有随机性，完善的 VI 应该考虑如何防止用户的误操作。可以通过一些简单的方法来避免用户的误操作，比如让所有不应该被改动的控件失效，设定鼠标状态为繁忙等。如图 3-17 中的更改密码按钮是灰色的。因为这时用户选择的选项是无密码，所以此时更改密码的操作失效。当用户有密码设置后，再允许这个按键被使用。接下来看一个例子，在图 3-18 中当按下上边的大按钮后，鼠标状态将变为繁忙。当左边的进度条走完后，鼠标状态恢复正常。这种方法保证了特定时间段内只执行单一命令，防止多条命令造成冲突。在 VI 的设计中与其让用户判断是否可以按这个按钮，不如直接禁止它的使用，以防用户错误的按下以致于发生不可预期的错误。

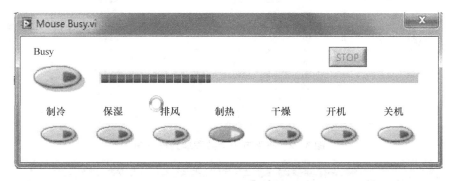

图 3-18　使用选择按钮的界面

3.2　编辑技术

3.2.1　在框图上放置控件

通常来说，用户希望通过将输入控件和显示控件拖放到前面板上定义用户输入和程序输出，来完成自己的程序创建工作。可以通过在前面板的空白处弹出菜单的方法来打开控件选项卡。左键单击子选项卡上的图标将进入树形结构显示的子选项卡。从选项卡上，可将输入控件、显示控件和装饰件拖拽到前面板上。

当将一个控件放置在前面板上时，其端子将自动出现在框图中。切换到框图，可以将端子连接到函数（举例）、子 VI 或其他对象。值得一提的是，在窗口菜单中选择上下两栏显示或者左右两栏显示是很有用的，这样可以同时显示前面板和框图。具体操作步骤如下：

1）打开新的 VI 并切换到程序框图。

2）放置平方根函数，该函数位于程序框图上数学选项板的数值子选项板中，如图 3-19 所示。

3）现在要将输入控件端子添加（并连接）到平方根函数。如图 3-20 所示，在平方根函数的左侧弹出快捷菜单，从创建菜单中选择输入控件，其结果是自动创建了输入控件端子并自动将端子连接到平方根函数。切换到前面板并注意已出现了一个数字控件。

4）为平方根函数产生的输入控件和显示控件如图 3-21 所示。

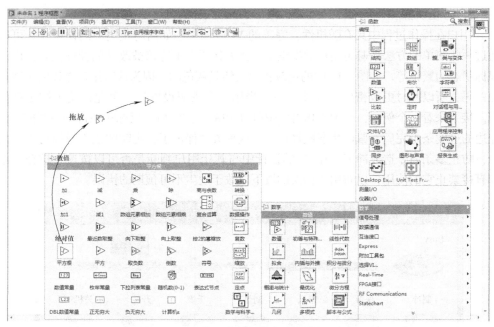

图 3-19　将平方根函数添加到框图中

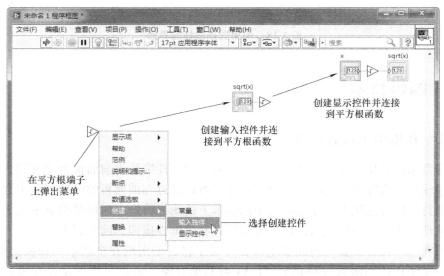

图 3-20　为平方根函数创建的前面板控件

图 3-21　有关平方根函数的前面板

3.2.2　选择对象

在前面板和程序框图窗口中，使用定位工具来选择对象。除选择对象之外，使用定位工具还可移动和调整对象的大小。要选择对象，在定位工具移动到对象上时单击鼠标左键。当选中对象时，出现环绕的虚线轮廓。为了选择一个以上的对象，在每一个要选择的附加对象上按〈Shift〉键并同时单击。还可以通过单击对象附近的空白区，并拖拽光标直到全部所希望的对象位于出现的选择矩形内来选择多个对象。有时在选择几个对象后，可能想要取消其中的一个对象（而保留其他所选的对象），可在要取消的对象上按〈Shift〉键并单击来完成。

3.2.3　移动对象

粗略地可以通过使用定位工具单击对象并拖拽到目标位置；精确地可以使用方向键移动所选择的对象。

提示：在移动对象时按住〈Shift〉键，可以将对象的移动方向限制在水平或垂直的方向。最初移动的方向决定了对象是被限制在水平方向还是垂直方向移动。

在拖拽对象到另一个位置的过程中如果要改变主意，那么继续拖拽直到光标位于所有打开的窗口外面并且环绕选择对象的虚线消失，然后释放鼠标。此举将取消移动动作，并且对象将不移动。此外，如果拖拽对象放到了不希望的位置，可从编辑菜单中选择撤销移动来恢复对象位置。

3.2.4　对象着色

许多 LabVIEW 对象的颜色是可定制的，包括控件、指示器、前面板背景、标签和一些框图元素。然而，不是所有的元素都可以改变颜色。例如：前面板对象的框图端子和连线为它们所传送的数据的类型及表示使用不同的颜色，因此用户不能改变其颜色。

为了改变对象的颜色（或窗口的背景），可以用着色工具 打开调色板，如图 3-22 所示。

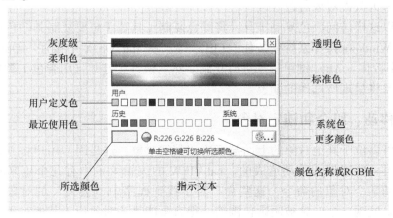

图 3-22　着色工具弹出窗口

按住鼠标键在调色板上移动，正着色的对象或背景将变为光标当前所在处的颜色。这样可以预览对象着色上新的颜色后的样子。如果在某颜色上松开鼠标键，对象将保持选中的颜色。要撤销着色操作，只要松开鼠标键之前将光标移出调色板即可。在调色板对话框中选择更多颜色按钮（![按钮]）将会调出另一个对话框，用来定制颜色，并可以精确指定显示颜色的 RGB 或者 HSL 值。在用不希望的颜色着色后，使用**编辑→撤销颜色**改动命令。

一些对象可以分别设置其前景色和背景色，例如：旋钮的前景色是主拨动盘颜色，而背景色是凸起边缘的基础色。在颜色工具上选择前景和背景，如图 3-23 所示。单击颜色工具左上角的小方块，然后单击前面板上的一个对象的前景着色。同样，单击颜色工具右下角的小方块，然后单击前面板上的一个对象会给对象的背景着色。

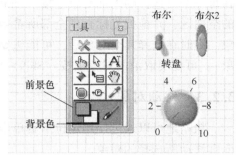

图 3-23　前景色和背景色

3.2.5　透明色

如果在调色板上选择标有"T"的小框（在对话框的右上角）然后为某项目着色，LabVIEW 就可以使该对象变为透明。该特性可以用来对对象进行分层，例如：可以将不可视控件放置于指示器的上面，或者创建不带标准三维显示的数值控件。透明色影响对象的外观但不影响其功能，某些对象不能够透明化，如前面板和框图。对于那些不能透明化的对象来说，标有"T"的对话框将显示为"×"。

3.2.6　匹配颜色

有时与一种使用过的颜色相匹配是一件很困难的事，因此可以直接复制一个对象的颜色并将其用于其他对象，而不从颜色调色板上选取。这时可以使用工具选项卡上的着色工具设置活动的颜色，工具图标看起来像一个滴眼药的滴管（有人称之为"吸管"工具）。用该工具单击一下某个显示所需的颜色的对象，然后切换为着色工具来为其他对象着色。

还可以这样访问颜色复制工具：将颜色复制工具置于想要复制其颜色的某个对象上，在 Windows 操作系统中按住〈Ctrl〉键，在 Mac OS X 中按住〈Option〉键，在 Linus 中按住〈Alt〉键单击来进行复制。然后松开按键并且用着色工具单击其他对象，对象将呈现所选择的颜色。

3.2.7　移动、组合和锁定对象

对象可以位于其他对象的上面甚至遮挡其他对象，这是因为用户将其放置在那里或者通过一些连带的移动造成的。LabVIEW 的编辑菜单中有几个用来相对于其他对象移动某个对象的命令，这些命令对于找到程序中"丢失"的对象是十分有用的。如果发现一个对象被阴影包围着，很有可能是该对象位于其他对象的上面。

可以使用下面这些重新排序按钮中的选项重新排序对象（见图 3-24）。

移至前面：将选中的对象移动到对象栈顶。

向前移动：将选中的对象在对象栈中向上移动一个位置。

移至后面和向后移动与移至前面和向前移动很相似，只是它们是将对象下移而不是上移。在前面板中，还可以将两个或更多的对象组合在一起（见图 3-25）。首先选中想要组合的对象，然后从重新排序菜单选择组选项。当移动、调整大小或删除组合对象时就如同对一个对象那样操作就可以了。取消组合，组中的每个成员都会变为独立的对象。

图 3-24　重新排序菜单与控件组合　　　　图 3-25　多对象组合锁定选择

锁定对象将固定对象的大小和位置，使对象不能够被重新移动、调整大小或者删除。这是一个很有用的工具，可以避免由于前面板上的对象太多致使编辑时误编辑某个对象。

3.2.8　调整对象的大小

大多数对象可以很容易地调整大小。在调整大小的对象上移动定位工具时，大小调节句柄出现。在矩形对象上，大小调节句柄出现在对象的各角；调整圆周大小的大小调节句柄出现在圆形对象上。在大小调节句柄上放置定位工具并单击，拖拽调整大小的光标直到对象达到目标大小。当释放鼠标按钮时，再出现的对象为新的大小。

3.3　调试技术

本节讨论 VI 的调试技术，调试的目的是检验程序是否能按照用户预想的方式运行，达到程序设计的要求。一般调试程序的过程是查找语法错误和逻辑错误并改正的过程。LabVIEW 同其他编程语言一样，提供了多种调试工具，供程序员在程序设计过程中设置断点、监控变量的数据，观察数据的流向和单步执行程序来修正错误或是优化程序。

3.3.1　调试工具

VI 程序框图上的工具栏中，某些按键是用于调试的。

⊚用于停止整个程序的执行。

▮▮用于暂停或者继续程序的执行。

用于启动高亮显示执行。高亮执行时用动画方式显示数据的流动，在程序执行到每一个节点时，高亮显示这个正在被执行的结点。高亮执行时自动加入探针，探测数值型数据，并在代码窗口中显示数值。这种方式会降低程序的性能和执行速度。

用于保留 VI 程序框图上数据线中的数据。

用于单步执行，它们三个分别表示单步步入、单步步过和单步步出某个节点、结构以及子 VI。

下拉框表示 VI 的调用关系。打开下拉框，可以看到当前 VI 从低层到高层的逐级被调用关系。选择下拉菜单中的某一项，即可跳到那个 VI 被调用的地方。

是设置探针的地方，在需要设置断点和探针的地方单击鼠标右键，在弹出菜单里可以选择断点或探针，或者通过使用工具选板上的断点和探针工具进行设置。

3.3.2 单步执行

单步运行是一个节点接一个节点执行程序框图。单步步入和单步步出，都是执行完当前节点后进入到下一个节点。两者不同之处在于如果将要执行的节点为一个子 VI，则必须使用单步步过；如果节点是结构或者是子程序，单步步过执行子 VI 但是不能看到子 VI 节点内部是如何执行的，而单步步入则可以进入内部。

单击单步步出按钮结束节点的执行或单步执行的状态。在任何时候通过释放暂停按钮可返回到正常执行的情况。

没有单步执行能力的 VI 可以节省开销。一般情况下这种编译方法可以减少内存需求并提高性能。设置方法是：在图标窗格上弹出快捷菜单并选择 VI 属性，从执行菜单中，取消选中允许调试选项来隐藏高亮执行和单步执行按钮，如图 3-26 所示。

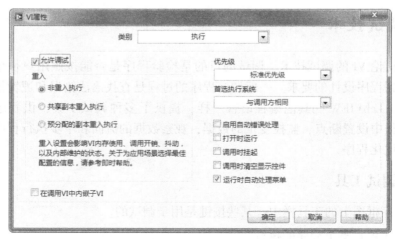

图 3-26　关闭调试选项卡

3.3.3 高亮执行

高亮执行通常和单步调试联合使用，跟踪程序框图中数据流的情况，目的是了解数据在程序框图中是如何流动的。单击高亮按钮可以动画演示程序框图的执行情况（见图 3-27），演示按钮的位置。再次单击将返回正常运行模式。

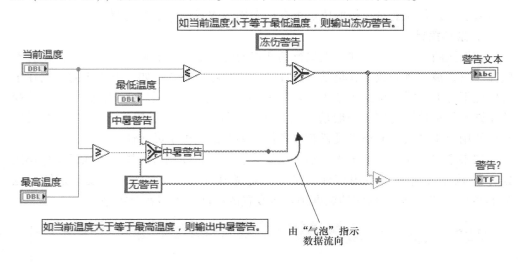

图 3-27　使用高亮执行模式观察经过 VI 的数据流

> **注意**
> 高亮执行时降低了程序的性能，执行的时间明显增加。数据流动画使用"气泡"来指出沿着连线运动的数据，演示从一个节点到另一个节点的数据运动。单步运行时，将要执行的下一个节点一直闪烁，直到单击单步按钮为止。

3.3.4 设置断点

断点和探针是调试 LabVIEW 代码时最常用的两个工具。使用工具选板上的断点工具，在想要设置或者取消断点的代码处单击鼠标即可。还可以直接在程序框图的节点、数据线上右击鼠标，就可以看到设置或取消断点的菜单项。框图和节点上的断点用红框表示，而连线上的断点用红点表示。

断点几乎可以设置在程序的任何部分。如果某个 VI 不允许设置断点，很可能这个 VI 被设为不允许调试了。此时，只要在 VI 属性中重新设置一下即可。当程序运行至断点处，就会暂停，等待调试人员的下一步操作。很多其他语言的调试环境都有条件断点，LabVIEW 的断点没有类似的设置，LabVIEW 是使用条件探针来实现条件断点功能的。通常不建议保存断点设置。设置断点的目的是为了调试 VI，经常在设置断点后无意地保存了设置，这样在下次运行 VI 时，还是会停下。

3.3.5 使用探针

探针的功能类似于其他语言调试环境中的查看窗口，用于显示变量当前状态下的数据。LabVIEW 与其他语言的不同之处在于，LabVIEW 是数据流驱动型的图形化编程语言。LabVIEW 中的数据传递主要不是使用变量，而是通过节点之间的连线完成的。所以 LabVIEW 的探针也不是针对变量的，而是加在数据线上的。

当数据流过框图连线时，使用探针工具观察数据。要在框图中放置探针，在框图中单击要放置探针的连线，探针描述为带编号的黄色框，并弹出一个与其关联的窗口来显示运行时通过连线的值。可在框图周围放置探针来参与调试过程。

1. 条件探针

在设置断点后，程序在每次执行到断点的时候都会停下来。但有时，调试者希望程序只在被监测的数据满足某一条件时，才暂停运行。比如，被监测的数据在正常情况下应大于零，调试者希望一旦数据小于零则暂停。在 LabVIEW 中，条件探针允许对每种数据类型的一般情况设置断点。例如：在数字控件上创建条件探针，允许使用等于、大于或小于设置暂停条件，为调试提供了灵活性。

如果希望程序在运行 8 次以后才停下来，就可以使用条件探针。在记录循环次数的 i 的输出数据线上使用探针，在探针监视窗口中探针显示一栏设定条件（见图 3-28）。此时，若被探测的数据满足所设置的条件，程序就会暂停。

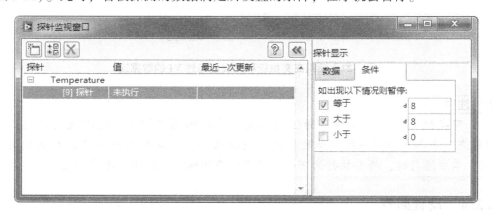

图 3-28　数值型条件探针

2. 选取其他类型控件作为探针

如果觉得 LabVIEW 默认的探针不美观或不适用，则可以在数据线上单击鼠标右键，选择**自定义控件→控件**，选取一个其他控件作为探针，如图 3-29 所示。但是要注意，选取的控件的数据类型要与数据线的数据类型一致才可以。

3. 用户自定义探针

如果觉得 LabVIEW 自带的探针功能还不够强大，或者用户创建了一种数据类型，而 LabVIEW 没有适合它的探针，这时可以自行创造一个满意的探针出来。用户自定义的探针其实也是一个 VI。LabVIEW 自带了一些已经做好的探针，这些探针都被放置在〈lvdir〉\vi. lib_probes 文件夹下。打开这里面的 VI 看一看已有的自定义探针是如何做的。

需要新建一个自定义探针时，先在数据线上单击鼠标右键，选择 **Custom Probe→New**。这时 LabVIEW 会弹出一个向导界面。按照向导界面的提示，输入所

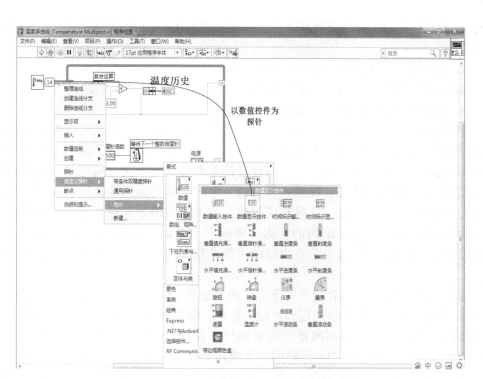

图 3-29　使用仪表盘控件作为数值型数据线的探针

需信息，LabVIEW 会生成一个用作探针的 VI 框架，对这个 VI 稍作修改，即可成为一个新的探针。这个探针 VI 有一个输入和一个输出。输入的是被探测的数据，输出的是一个布尔类型，表示程序是否需要暂停。这个 VI 的界面也就是探针的外观。探针所实现的功能完全依赖于如何对其编程。

3.3.6　中断执行

中断子 VI 的执行多发生于需编辑输入控件和显示控件的值、控件子 VI 在返回调用程序之前运行的次数，以及返回到子 VI 执行起点的情况。可在执行中断时开始子 VI 的所有调用，也可中断子 VI 的某个特定调用。

如需中断子 VI 的所有调用，右键单击程序框图中该子 VI 的节点，并从快捷菜单中选择子 VI 节点设置。勾选调用时挂起复选框，则 VI 一旦调用，断点就发挥作用，而且即使是多个 VI 调用该子 VI，断点在每次调用时都会起作用。

如果想让断点只在一次特定的调用中起作用，可以使用设置子 VI 节点选项来设置断点。在子 VI 图标上弹出菜单访问该选项。勾选调用时挂起复选框。

3.3.7　其他常用调试工具和方法

除了断点和探针这两种最常用的调试工具外，经常要借助一些其他的工具和方法来找到程序的问题所在。

1. 性能和内存查看工具（Profile Performance and Memory）

调试的目的并不一定仅要找出功能性错误，有时是要找到程序效率低下的原因，或者潜在危险，如内存泄漏等。这时就要用到 LabVIEW 的性能和内存查看工具了。

2. 显示缓存分配工具（Show Buffer Allocation）

显示缓存分配工具是另一检查 LabVIEW 代码内存分配情况的强大工具。

3. 程序框图禁用结构（Diagram Disable Structure）

调试首先要找到问题发生的部位。有时可以使用探针一路跟踪数据在程序执行过程中的变化。如果数据在某个节点的输出与预期的不一致，这个节点很可能就是问题所在。还有些情况，不是靠这种简单方法就可以找出问题的。比如程序中出现的数组越界的错误，在错误发生后，程序可能还会正常运行一段不确定的时间，然后崩溃，或报错。这种程序报错，或者崩溃的地方有可能在每次调试时都不同，或者找到了最终出错的代码，发现它是个最基本的 LabVIEW 节点，不能再接着去调试了，而这个节点出错的可能性基本为零，错误肯定是其他地方引起的。

调试这种问题，一般就是把一部分代码禁止掉，看看程序运行是否还有问题。如果没有问题了，说明错误的代码被禁止运行，则再把禁止代码的范围再缩小；如果问题又出现了，说明是刚刚被放出来的代码有错，则对这部分代码再禁掉一部分，继续调试。直到找出引起问题的一个或几个节点，改正它们。在这个仅用部分调试代码的过程中，使用程序框图禁用结构最为方便，它就好像是 C 语言中用来做注释的关键符号"/* */"或者"//"。使用它可以方便地把一部分代码框住，禁用，如图 3-30 所示。

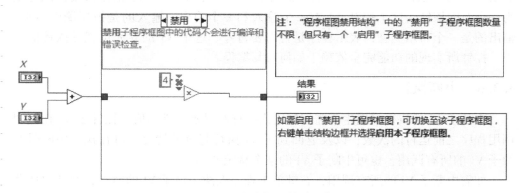

图 3-30　程序框图禁用结构

使用程序框图禁用结构需要注意的一点是，这个结构可以有多个禁用的页面，同时会有一个启用的页面。调试人员可能还要在启用的页面作一些改动，比如为输出数据添加一些虚拟值，以使后续程序可以正确运行下去。如图 3-31 所示，为了让后续的程序继续正确运行，需要把复用和错误数据线连接上。

4. 条件禁用结构（Conditional Disable Diagram）

LabVIEW 中还有一个类似于 C 语言中"#if""#ifdef"的结构，就是条件禁用结构。使用条件禁用结构可以让某些代码在特定的条件下不运行。与条件结构（Case Structrue）相区别，条件结构在运行时决定执行哪一个页面中的代码；而条

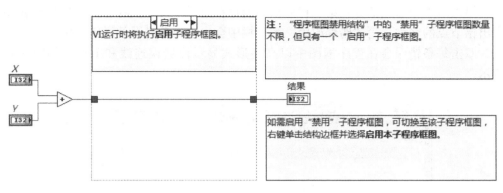

图 3-31　修改启用页面

件禁用结构是在编译时就已决定好执行哪一个页面的代码了，不被执行的页面代码在运行时都不会被装入内存。

利用条件禁用结构的这一特性，可以把分别需要在调试时和发布后的代码放在不同的条件禁用结构页面内。这样，既可以在不同条件下运行不同的代码，又不会使程序留有冗余的代码。用户希望在开发调试时，如果错误数据线上出现错误，则弹出错误信息的对话框；而在发布之后，有错误发生，也不可以弹出对话框。

单击条件禁用结构右键弹出菜单中的程序编辑条件，弹出条件配置窗口，在这个窗口改变使本页运行的条件。LabVIEW 有一些预定义的符号可供条件禁用结构使用，比如 TARGET_TYPE 表示目标代码在什么系统下运行。如果条件是"TARGET_TYPE == Mac"表示目标代码运行在苹果机上。如果你有工程文件"＊.lvproj"，那么还可以在工程文件的**属性**→**条件禁用**符号栏下配置自己需要的符号。

5. 使用消息对话框和文件

有一些错误是在关闭了调试信息后才出现的，或者出错的代码部分不允许使用 LabVIEW 的调试环境。这时就要使用类似 C 语言中"printf ( )"的功能。具体实现方法是把可以的数据在程序中用 messagebox 显示出来，这样可以跟踪察看程序是在哪一部分出错的。还可以把所有相关的数据都保存在一个状态记录文件中，查看这个记录文件，就可以找出可能的错误。状态记录文件可以与上文提到的条件禁用结构联合起来使用，设置一个调试开关，在调试运行方式下记录下所有的状态信息；在正式发布后不再记录以提高程序运行效率。

3.3.8　错误检查

无论 VI 有多完美，也很难预见用户可能遇的每一个问题。如没有一个检查错误的机制，只能确定 VI 没有正常工作。错误检查可以告诉程序员为什么出错和在哪里产生了错误。对于一般的语法错误，LabVIEW 会自动检查出来，这时工具栏上的运行按钮会变成断线形状。单击运行按钮（断线）或者是从查看菜单中选择错误列表。

错误清单分为三部分：第一栏列出当前存在错误的程序名称；第二栏列出程序中出错节点的名称，简述错误原因；第三栏中会出现每条错误的详细原因和改正方法。双击每条错误会在程序框图中以高亮形式显示出错误连线和节点，如图 3-32 所示。

图 3-32　错误列表

导致 VI 无法运行的常见错误：①不良连线；②有必须连接的端子没有连接；③某些对象不可用、不可见或者用属性节点修改过；④调用的子 VI 有错误，比如放置后修改了连接器导致输入、输出端口变化等。

3.3.9　警告

如果想要获得更多的额外调试帮助，可以通过显示警告来获得警告信息。警告信息让用户了解潜在的任何错误。警告并不是不合法，也不会导致出现裂开的箭头，但是某些方面在 LabVIEW 中是没有意义的。例如：存在一个没有和其他部分相连接的控件端子。如果已经选择了显示警告，就可以看到警告信息，并且可以在工具栏上看到警告按钮，可以单击按钮看到错误信息窗口，窗口中会有对警告信息的描述。

还可以配置 LabVIEW 选项默认显示警告信息，通过选择**工具→选项→程序框图**，选中启用自动处理对话框。

3.4　小结

本章主要介绍了 VI 的设计方法、编辑技术和调试技术。

利用任何编程语言设计软件时，都需要实现交互界面简洁、有效和合理。针对 LabVIEW 的特殊开发环境，具体说明了在 VI 设计中的基本规律和一般方法。界面的一致性保证了软件界面的合理，元素的关联性保证了软件界面的简洁，帮助和说明信息与容错和限制则保证了软件程序的有效。控件的使用辅助实现设计要求。

LabVIEW 具有特殊的编辑工具和技巧以适应图形环境。操作工具用来改变对象的值。定位工具用来选择、删除、移动对象。连线工具用来生成连线连接框图中的对象。标签工具用来创建或修改固有和自由标签。

LabVIEW 提供了众多调试工具，极大地缩短了开发过程。可以通过在节点上单步执行，也可以使用框图加亮执行动画演示，也可以设置断点观察数据的输入、输出，也可以使用探针，随时查看连线上的数据。每一种工具都能帮助用户尽快找到问题所在。

习　　题

3-1　参照图 3-33 创建 VI，接收 6 个数字输入，将前 5 个数字相加，减去最后一个数字，并在转盘显示控件上显示结果。如果结果小于 1，则圆形指示灯亮，这个灯为红色，转盘为蓝色。

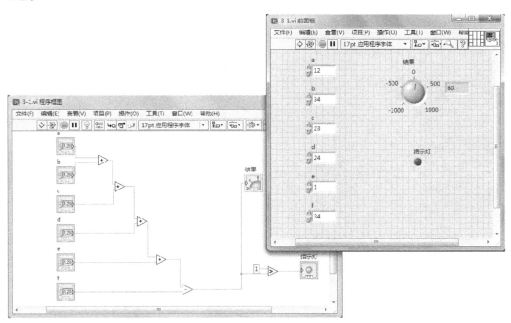

图 3-33　习题 3-1 参照图

3-2　参照图 3-34 创建一个温度显示的 VI，随机产生一个数，将其增大 100 倍作为温度值，温度曲线显示在图表内。同时添加两个说明信息，当输出的温度值大于 90℃时，指示灯提示闪烁一次，当输出的温度小于 10℃时，指示灯提示闪烁一次。此程序每 500ms 执行一次，直到单击停止按钮。

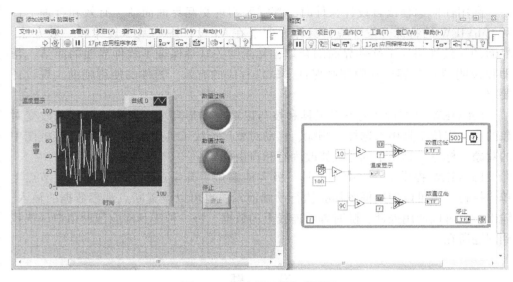

图 3-34 温度显示添加说明图

第 4 章

程 序 结 构

程序结构是所有标准编程语言必备的功能，LabVIEW 的结构是一种重要的节点类型，用来控制执行流。本章主要介绍 LabVIEW 中几个主要的结构：循环结构、条件结构、顺序结构和事件结构等。此外，还介绍了循环中的定时控制和公式节点。

4.1 循环结构

循环结构用来重复执行一段代码，LabVIEW 提供了 For 循环和 While 循环两种循环结构完成代码的重复控制，在函数选板中编程下面的结构选板中可以找到这两种循环结构。

4.1.1 For 循环

For 循环常用于已知代码循环次数的情况，它将其框图内的代码执行指定的次数，其次数等于总数端子的值。可以从循环外部连线一个值到总数端子来设置次数。如果总数端子值为 0，则不会执行循环。For 循环如图 4-1 所示。

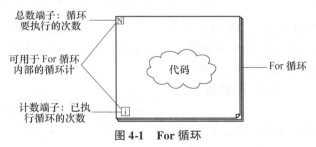

图 4-1　For 循环

计数端子包含了当前已经执行完毕的迭代次数。计数总是从 0 开始，第一次循环，计数端子返回 0，第二次循环返回 1，依次类推，直到 N-1（循环所期望的执行次数）。For 循环流程如图 4-2 所示。

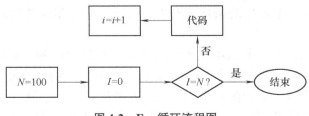

图 4-2　For 循环流程图

63

For 循环的总数端子的输入数据类型为 I32。如果将一个双精度浮点数连接到 64 位的总数接线端，LabVIEW 将更长位数的数值转换为 32 位有符号整数。虽然这与正常的转换准则相反，但是因为 For 循环只能执行整数次循环，所以这种转换是必要的。

4.1.2　While 循环

While 循环持续执行循环体的程序，直到满足某个条件为止。它类似于普通编程语言中的 Do Loop 循环和 Repeat – Until 循环。While 循环的框图是一个大小可变的方框，用于执行框中的程序。While 循环的迭代端子的作用和 For 循环的迭代端子一样，它是输出循环已经执行次数的数字输出端子。条件端子输入是一个布尔变量：真或假。While 循环将一直执行到连接到条件端子上的布尔值变为真或假为止，取决于条件端子设置为真时停止还是真时继续。While 循环如图 4-3 所示。

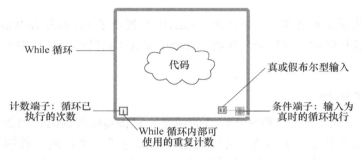

图 4-3　While 循环

在每一次重复执行后，VI 检查条件端子，因此至少执行一次循环。如果条件端子上的值为真，那么执行下一重复，否则循环结束。条件端子的默认值是假。因此，如果不连接条件端子，那么 While 循环将仅重复一次。While 循环流程如图 4-4 所示。

在很多情况下，While 循环可以替代 For 循环。但二者又有所区别。首先，如果已知循环的次数，那么使用

图 4-4　While 循环流程图

For 循环比较简便；如果循环次数未知，那么就需要使用 While 循环。其次，While 循环也可以使用带索引的隧道来构造数组，但是它的效率低于 For 循环。最后，While 循环提供了一个布尔的条件判断端，可以通过布尔运算实现对复杂条件的判断。

如图 4-5 所示，用两种循环所产生的数组大小是相同的。但是如果使用的是 For 循环，LabVIEW 在循环运行之前，就已经知道数组的大小是 100，因此 LabVIEW 可以预先为数组 1 分配一个大小为 100 的内存空间。但是对于 While 循环，由于循环次数不能在循环运行前确定，LabVIEW 无法预先为数组 2 分配合适的内

存空间。LabVIEW 会在 While 循环的过程中不断调整数组 2 内存空间的大小，因此效率较低。所以，在可以确定次数的情形下，最好使用 For 循环。

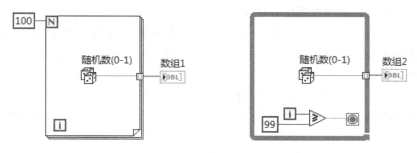

图 4-5　使用循环构造数组

4.1.3　放置对象到结构

在第一次从编程的结构子选项卡下选择结构时，光标会变为所选结构的缩略图，如 For 循环或 While 循环。在合适放置结构的地方单击，然后拖拽确定结构的边框。释放鼠标键后，结构会出现在框图上，并且包含其边框内的所有对象。

框图中有了结构以后，就可以从编程选项卡中选择对象拖拽或放置到循环内。为了让被拖拽的对象更明显，在对象移动到其内部时，结构的边框会用虚线显示。当对象被拖拽出结构时，框图的边框（或者是结构的边框）在对象移动到其外部时，也会用虚线表示。

可以使用定位工具拖拽结构边框的调节句柄来调整大小。

如果将结构移动到另一个结构对象的上面，则下面的对象仅可以看见结构边框以外的部分。如果把结构完全覆盖到另一个对象的上面，对象会产生厚厚的阴影以示警告：对象只是在结构上或结构下，而不是在结构内。这两种结构都显示在图 4-6 中。

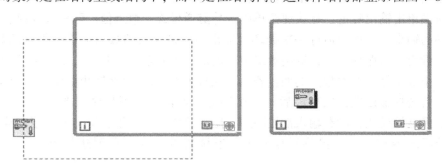

图 4-6　子 VI 没有在结构内，而是浮在结构上面或隐藏在结构下面

4.1.4　循环中的数据操作

在使用循环结构的时候，不可避免的需要对数据进行操作：比如将数据传入循环或者传出循环，还有将数据从上一次循环传入下一次循环中。在 LabVIEW 中是如何实现这些操作的呢？实现的方式主要是隧道和移位寄存器。

1. 隧道

（1）数据的输入和输出　在 LabVIEW 中，数据是通过隧道的方式进出循环的。需要注意的是，数据会在循环开始前进入，并且在循环结束后输出。While 循环边框上的实心小方块就是隧道。实心小方块的颜色和隧道相连的数据类型的颜色一致。循环中止后，数据才输出循环。数据输入循环时，只有在数据到达隧道后循环才开始执行。

图 4-7 所示的程序框图中，计数接线端与隧道相连。直至 While 循环停止执行后，隧道中的值才被传送至计数显示控件。计数显示控件只显示计数接线端最后的值。

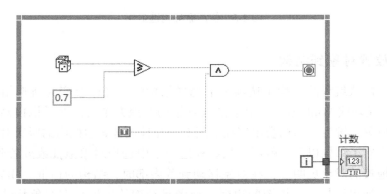

图 4-7　While 循环隧道

可通过下列方式将数组元素传入隧道：

右键单击循环边框的隧道。从快捷菜单中选择**禁用索引**。禁用索引后，数组中所有元素传入循环，输出隧道返回等量元素的数组。从快捷菜单中选择**启用索引**。启用索引后，数组中的元素依次传入循环，每循环一次向隧道输出一个元素。

右键单击输出隧道，从快捷菜单中选择**隧道模式→最近值**、**索引**或**连接**，可配置循环的输出隧道返回最近一次循环的输出值、带索引的数组或连接得到的数组。如选择**索引**，每循环一次，输出数组中就增加一个元素。因此，自动索引的输出数组的大小等于循环的次数。例如：若循环执行了 10 次，那么输出数组就含有 10 个元素。若选择**最近值**，仅有最后一次循环的元素被传递到程序框图上的下一个节点。选择**连接**模式，所有输入都按顺序首尾相接成一个数组，输出的数组和连接的输入数组维数相同。**连接**隧道模式下，连接数组的方式和创建数组函数的方式相同。

循环输出隧道上的方括号表示已启用自动索引。在输出隧道和下一个节点之间，连线的粗细也表示数组是索引模式，还是连接模式。索引模式的连线比连接模式下的粗。因为索引模式下，输出数组比输入数组多了一个维度，用来存放元素的索引值。

（2）隧道模式　隧道有三种模式：最终值、索引和连接。

最终值：根据条件将最后一次循环的最终值存储在隧道中。判断最近一次写入反馈节点的值时，需要读取循环的最后值。

索引：根据条件对数组内的元素建立索引。

连接：根据条件，按顺序连接所有输入，形成与连接的输入数组相同。

索引的两种状态（启用、禁用）决定了数组数据通过隧道输入循环的方式。可以通过右键选择索引的状态，如图4-8所示。隧道的三种模式决定了数据通过隧道输出的方式。

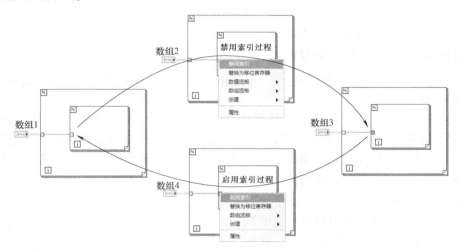

图4-8 索引的启用和禁止

连接数组至For循环时，For循环自动启用索引。For循环执行的次数与数组的大小一致。For循环每次处理数组中的一个元素，所以，自动索引相当于给For循环的总数接线端连接了一个数组大小的值。如不需要每次处理数组中的一个元素，可以在输入隧道禁用索引和选择最终值，数组数据会一次性的输入或者输出。

如果为一个进入While循环的数组启用自动索引，While循环索引数组的方式与For循环相同。但是，While循环只有在满足特定条件时才会停止执行，因此While循环的执行次数不受该数组大小的限制。当While循环索引超过输入数组的大小时，LabVIEW会将该数组元素类型的默认值输入循环。While循环默认为禁用自动索引。

2. 移位寄存器

使用循环结构编程时，经常需要访问上一次循环的结果。例如：如果在求平均值的运算中，需要记住每次循环采集的数据，可以使用移位寄存器来访问上一次循环的值。移位寄存器以接线端成对出现，分别位于循环两侧的边框上，如图4-9所示。

移位寄存器可以传递任何数据类型，并且与其连接的第一个对象的数据类型自动保持一致。

（1）层叠移位寄存器　在循环中如果需要访问此前的多次循环的数据，就需要使用层叠移位寄存器。层叠移位寄存器可以保存多次循环的值，并把这些值传递到下一次循环中。可以通过右键单击左侧接线端，从快捷菜单中选

图4-9 移位寄存器

择添加元素，可创建层叠移位寄存器。层叠移位寄存器只位于循环左侧，右侧的接线端仅用于把当前循环的数据传递给下一次循环。如图 4-10 所示。为使用层叠移位寄存器生成 Fibonacci 数列。

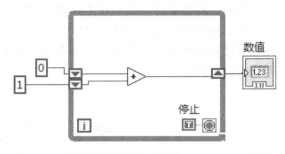

图 4-10 中，如在左侧接线端再添加一个移位寄存器，则上两次循环的值将传递至下一次循环中，其中最近一次循环的值保存在上面的寄存器中，而上一次循环传递给寄存器的值保存在下面的寄存器中。

图 4-10　使用层叠移位寄存器生成 Fibonacci 数列

（2）初始化移位寄存器　初始化移位寄存器即赋予移位寄存器一个初始值，在 VI 运行过程中，每执行第一次循环时都使用该值对移位寄存器进行复位。通过连接输入控件或常数至循环左侧的移位寄存器接线端，可初始化移位寄存器。如图 4-10 中将两个移位寄存器的值分别初始化为 0、1。如果没有初始化，程序运行的第一次移位寄存器会使用数据类型的默认值；关闭 VI 前，如果再次运行，移位寄存器会使用上一次储存的值。

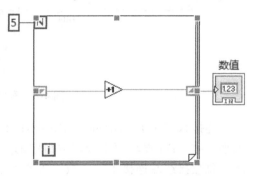

如图 4-11 所示，由于没有初始化，第一次运行时该移位寄存器使用 32 位整型数据的默认值 0，运行结果为 5；第二次运行时该移位寄存器使用上一次储存的值 5，运行结果为 10。

图 4-11　没有初始化的移位寄存器

3. 隧道与移位寄存器之间的相互转换

在书写代码时，事实上可以用移位寄存器代替隧道。右键单击隧道，并在弹出菜单中选择替换为移位寄存器即可。

在图 4-12 中，首先移位寄存器替换隧道后，鼠标变成了移位寄存器的光标。

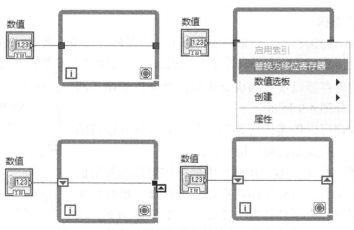

图 4-12　使用移位寄存器代替输入、输出隧道

使用该光标选择需要转换的其他隧道并单击，或者单击循环内或循环上任意位置放置另一个移位寄存器，而不会替换其他隧道。

右键单击移位寄存器，并在弹出菜单中选择替换为隧道，就可以将移位寄存器替换成隧道。

4.1.5　循环的定时控制

当循环结构执行一次循环后，它会立即开始执行下一次循环，直到满足停止条件。在 LabVIEW 中不可避免地在循环结构或者顺序结构中使用到定时控制。一般来说在循环中，需要添加一个定时器。

1. 定时函数的作用

（1）控制代码执行的速率　简而言之，如果在循环中添加了定时，就可以控制循环以一定间隔重复执行；或者在串口通信中，在发送指令后等待指定的时间再读返回值。

（2）降低 CPU 占用率　如果没有设置定时，CPU 的大部分资源会一直被该线程占用，而无法执行其他线程。

2. 定时函数

（1）等待（ms）　函数图标为[图]，该函数保持等待状态直至毫秒计数器的值等于预先输入的指定值，保证了循环执行速率至少是预先输入的指定值。举例来说，函数输入为 10ms，如果循环中代码的运行时间是 3ms，那么每次循环的时间是 10ms；如果循环中代码的运行时间是 14ms（大于 10ms），那么每次循环的时间是 14ms。Windows 下软件定时的精度约为 1ms，所以实际的情况会有 1ms 左右的误差。

（2）等待到下一个整数倍毫秒　函数图标为[图]，该函数将定时和系统的时钟对应起来，使用该 VI 后，代码将在系统时钟为定时时间的整数倍执行。使用该定时 VI 的第一次运行时间，间隔是不确定的。比如设定定时为 1000ms，对于第一次运行，无论当前时间是 50ms 还是 850ms，都将在下一次 1000ms 的整数倍时间第二次运行该代码，那么实际的间隔分别是 950ms 和 150ms。设定间隔为 5000ms，如果没有经过初始化，那么使用该函数后，第一次运行的时间间隔将可能是 0 ~ 5000 中的任意一个值；如果初始化，那么可以保证第一次的时间间隔为 5000ms。

（3）已用时间　函数图标为[图]，在某些情况下，VI 执行了一定时间之后判定已用多少时间是非常有用的。"已用时间" Express VI 表示在特定的起始时间后共用了多少时间。该 Express VI 允许在 VI 继续执行的过程中跟踪记录时间。该函数不给处理器时间完成其他任务。

4.2　条件结构

4.2.1　条件结构组成

条件结构相当于文本语言中的 switch 或者 if-then-else 条件语句。包括一个或多个分支执行时，仅有一个分支执行。连线至选择器接线端的值决定要执行的分支。条件结构的组成部分如图 4-13 所示。

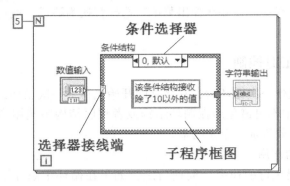

图 4-13　条件结构组成图

条件选择器标签：显示相关分支执行的值。可指定单个值或一个值范围。通过条件选择器标签还可指定默认分支。

子程序框图（分支）：包含连线至条件选择器接线端的值与条件选择器标签中的值相匹配时，执行的代码。右键条件结构边框并选择相应选项，可修改分支的数量或顺序。

选择器接线端：根据输入数据的值，选择要执行的分支。输入数据可以是布尔、字符串、整数、枚举类型或错误簇。连线至选择器接线端的数据类型决定了可在条件选择器标签中进入的分支。

应当为条件结构指定一个默认分支，处理超出范围的数值。否则，应明确列出所有可能的输入值。例如：如果选择器的数据类型是整型，并且已指定 1、2、3 三个条件分支，还必须指定一个默认条件分支，输入数据为 4 或其他有效整数时执行该默认条件分支。如果输入选择器的值与选择器接线端连接的对象不是同一数据类型，该值将变为红色。

一个条件结构可以创建多个输入输出隧道。所有输入都可供条件分支选用，但条件分支不一定要使用所有输入。必须为每个条件分支定义各自的输出隧道，当然也可以选择未连接时使用默认选项。使用未连接时使用默认有一定的风险，如果忘记连线，这时候 LabVIEW 不会提示错误，程序就可能出现不可预料的结果。

4.2.2　程序框图禁用结构

在调试程序时常常会用到程序框图禁用结构。包括启用和禁用分支（子程序框图），程序框图禁用结构中只有启用分支可执行，而禁用分支是不会执行的。在运行时，禁用分支如果有错误也不会影响整个程序的运行。这是一般条件结构无法做到的。

例如：图 4-14 中的示例，虽然代码中存在断线，但是仍然执行 VI。需要注意的是程序框图禁用结构可以有多个被禁用的分支，但只有一个启用分支。如需要启用禁用分支，可切换至该分支，右键单击结构边框并选择启用本分支。

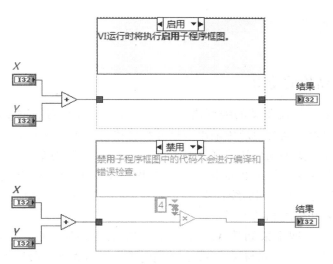

图 4-14　使用程序框图禁用结构

4.2.3　条件禁用结构

　　LabVIEW 在执行时依据分支的条件配置只使用其中的一个分支。需依据用户定义的条件禁用程序框图上某部分的代码时，使用该结构。

　　右键单击结构边框，可添加或删除分支。在配置条件对话框中使用的符号，可以通过在项目浏览器窗口中，选择项目属性，从类别列表中选择条件禁用符号，显示条件禁用符号页。或是运行终端（如我的电脑）支持该页，右键单击该终端，在快捷菜单中选择属性，在类别列表中选择条件禁用符号，也可显示该页。

　　条件禁用结构将启用任何值为 True 的条件。如果多个条件的值为 True，则启用结构顺序中的第一个条件。如果所有条件的值均不为 True，则启用默认条件。在图 4-15 中，VI 将在程序框图上运行 Symbol1 = True 条件。在条件禁用符号页，将 Symbol1 的值改为 False 并单击确定。再次运行 VI，将在程序框图上运行一个不同的条件。

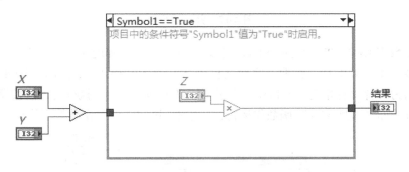

图 4-15　条件禁用结构

　　值得注意的是：程序框图禁用结构与条件禁用结构都是静态的，如果需要在运行时决定执行哪一部分的程序可以使用条件结构。

4.3 顺序结构

4.3.1 顺序结构的使用

LabVIEW 是数据流驱动的编程语言。当具备了所有必需的输入时，程序框图节点将运行。节点在运行时产生输出数据并将该数据传送给数据流路径中的下一个节点。数据流经节点的动作决定了程序框图上 VI 和函数的执行顺序。同时，LabVIEW 也是自动多线程的编程语言。如果在程序中有两个并行放置的模块，LabVIEW 会把它们放置到不同的线程中，并行执行。以下是一个分别用顺序执行和并行执行求四个未知数之和的例子。

在图 4-16 中，四个未知数 X_1、X_2、X_3、X_4 依次相加，最后得出结果。而在图 4-17 中，是 X_1、X_2 之和与 X_3、X_4 之和同时求出后再相加，最后得出结果。并行结构更高效地使用了 CPU。

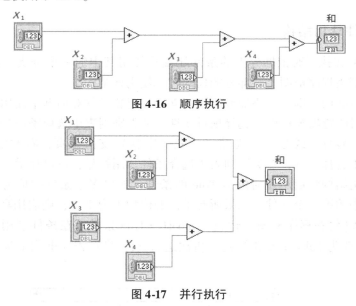

图 4-16 顺序执行

图 4-17 并行执行

大多数用 LabVIEW 编写的 VI 都是实现顺序任务。而实现这些顺序任务的编程方式有许多。在图 4-18 中，读取二进制文件函数和关闭文件函数之间不存在数据依赖关系，因为二者没有相连。该程序将由于不能确定哪个函数先执行而无法按所期望的顺序执行。如"关闭文件"函数先运行，"读取二进制文件"函数将不执行。

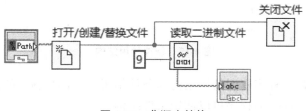

图 4-18 非顺序结构

在图4-19中，读取二进制文件函数的输出连接到关闭文件函数，二者建立了数据依赖关系。关闭文件函数只有在接收到读取二进制文件函数的输出后才能执行。

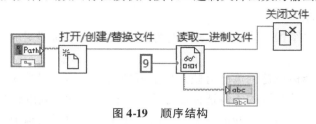

图4-19 顺序结构

顺序结构可以保证执行顺序，但是也阻止了并行操作。例如：如果不使用顺序结构，使用PXI、GPIB、串口、DAQ等I/O设备的异步任务就可以与其他操作并发运行。在上述情况下，可能需要利用LabVIEW内在并行处理的优势，避免过度使用顺序结构。

4.3.2 顺序结构的分类

如果需要让几个没有互相连线的VI，按照一定的顺序执行，可以使用顺序结构来完成（Sequence Structure）。顺序结构包含一个或多个按顺序执行的子程序框图或帧。在顺序结构的每一帧中，数据依赖性决定了节点的执行顺序。

LabVIEW有两种顺序结构：平铺式顺序结构和层叠式顺序结构。

1. 平铺式顺序结构

当平铺式顺序结构的帧都连接了可用的数据时，结构的帧按照从左至右的顺序执行（见图4-20）。每帧执行完毕后会将数据传递至下一帧。这意味着某个帧的输入可能取决于另一个帧的输出。在平铺式顺序结构中添加或删除帧时，结构会自动调整尺寸大小。

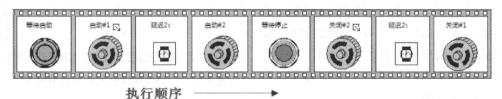

图4-20 平铺式顺序结构

2. 层叠式顺序结构

如图4-21所示，层叠式顺序结构将所有的帧依次层叠，因此每次只能看到其中的一帧，并且按照第0帧、第1帧、直至最后一帧的顺序执行。位于层叠式顺序

图4-21 层叠式顺序结构

结构顶部的选择器标签显示当前帧编号和帧编号范围。

层叠式顺序结构仅在最后一帧执行结束后返回数据。如需节省程序框图空间，可使用层叠式顺序结构。

与平铺式顺序结构不同，层叠式顺序结构需使用顺序局部变量在帧与帧之间传递数据。

使用顺序选择标识符浏览已有帧并且重新排列这些帧。层叠式顺序结构的帧选择器标签类似于条件结构的条件选择器标签。帧标签包括中间的帧号码以及两边的递减和递增箭头。不能在帧的标签中输入值。在层叠式顺序结构中添加、删除或重新安排帧时，LabVIEW 会自动调整帧标签中的数字。

如果将平铺式顺序结构转变为层叠式顺序结构，然后再转变回平铺式顺序结构，LabVIEW 会将所有输入接线端移到顺序结构的第一帧中。最终得到的平铺式顺序结构所进行的操作与层叠式顺序结构相同。将层叠式顺序转变为平铺式顺序，并将所有输入接线端放在第一帧中，则可以将连线移至与最初平铺式顺序相同的位置。

4.3.3　顺序结构中帧间的数据传递

采用顺序进行程序设计时，经常需要将前面帧的结构传递给后面帧作为输入。

对于平铺式顺序结构，只需要利用连线把前面帧的结果连接到后面的帧中即可，如图 4-22 所示。

而对于层叠式顺序结构，是无法在帧间连线的。因此，针对层叠式顺序结构，LabVIEW 为其提供了顺序局部变量来实现帧间的数据传递。在层叠式顺序结构的边框上右击，选择添加顺序局部变量，就会出现一个节点，然后即可利用该节点实现数据的传递。如图 4-23 所示，将第一帧的结果通过顺序局部变量传递给第二帧。

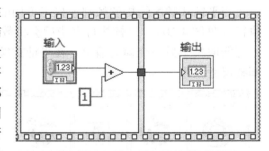

图 4-22　平铺式顺序结构中的数据传递

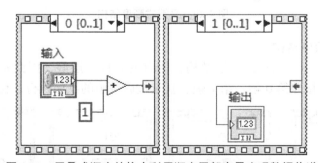

图 4-23　层叠式顺序结构中利用顺序局部变量实现数据传递

4.3.4　两种顺序结构的选择

首先，从图 4-20 和图 4-21 中不难发现，这两种顺序结构功能完全相同。故这两种顺序结构是可以互换的，通过右击平铺式（层叠式）顺序结构将其转化为层叠式（平铺式）顺序结构。

其次，从占用的空间上来看，层叠式顺序结构更节省空间，但它只能显示某一帧的程序，其他帧则会被隐藏起来，降低了程序的可读性；而平铺式结构则更直观，但占用的空间相对就大很多。另外，平铺式顺序结构在帧间传递变量时，采用直接连线的方式即可；而层叠式顺序结构则一定要使用顺序局部变量。

使用中要尽量避免使用层叠式顺序结构和顺序局部变量，否则会大大降低程序的可读性。顺序局部变量有三方面的弊端：①强制改变从左到右的数据流编程习惯；②很难发现哪一帧初始化了顺序结构局部变量；③在同样的帧代码中，层叠式顺序结构需要更多的顺序局部变量，而平铺式顺序结构只需要较少的隧道。

4.4　事件结构

事件结构也是一种条件结构，程序根据发生的事件决定执行哪一个页面的程序。使用事件结构可以实现仅当事件发生时，程序才需要响应，别的时候程序可以处理其他进程或是其他的事件，事件结构相当于一种"中断"。

使用 LabVIEW 图形化语言开发的应用程序界面是图形化用户操作界面，也称为 GUI（Graphical User Interface），它的作用是与操作者实现人机对话形式的互动操作。如果不使用事件结构，程序会以"轮询"的方式来检测事件的发生，但这样会大大消耗 CPU 的使用时间，不利于处理复杂、多线程的程序。采用事件结构来设计、实现的 GUI 操作则变得更加灵活、方便，并且不占用 CPU 的资源，这与采用轮询的方式来查询事件的方式相比要合理得多。

4.4.1　典型的事件结构

典型的事件结构如图 4-24 所示。事件结构包括一个或多个分支，注意每当结构执行时，仅有一个分支在执行。事件结构的执行过程是，一直等待直至某一事件分支的事件发生，然后执行相应事件分支，从而处理该事件。

事件选择器标签：指定了促使当前显示的分支执行的事件。如需查看其他事分支，可单击分支名称后的向下箭头。

超时接线端：指定了超时前等待事件的时间，以 ms 为单位。如为超时接线端连接了一个值，以指定事件结构等待某个事件发生的时间。则必须有一个相应的超时分

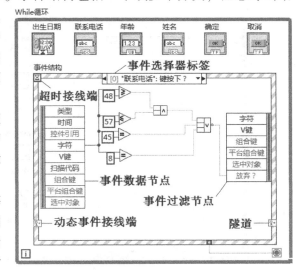

图 4-24　典型的事件结构

支，以避免发生错误。默认为 – 1，即永不超时。

动态事件接线端：接受用于动态事件注册的事件注册引用句柄或事件注册引用句柄的簇。如连线内部的右接线端，右接线端的数据将不同于左接线端。可通过注册事件函数将事件注册引用句柄或事件注册引用句柄的簇连接至内部的右接线端并动态地修改事件注册。某些选板中的事件结构可能不会默认显示动态事件接线端。如需显示，可右键单击事件结构的边框，在快捷菜单中选择显示动态事件接线端。

事件数据节点：用于识别事件发生时 LabVIEW 返回的数据。与按名称接触捆绑函数相似，可纵向调整节点大小，选择所需的项。通过事件数据节点可访问事件数据元素，如事件中常见的类型和时间。其他事件数据元素（如字符和 V 键）根据配置的事件而有所不同。

事件过滤节点：识别可修改的事件数据，以便用户界面可处理该数据。该节点出现在处理过滤事件的事件结构分支中。如需修改事件数据，可将事件数据节点中的数据项连线至事件过滤节点并进行修改。可将新的数据值连接至节点接线端以改变事件数据。可将 TRUE 值连接至放弃接线端以完全放弃某个事件。如果没有为事件过滤节点的某一数据项连接一个值，则该数据项保持不变。

隧道：与条件结构一样，事件结构也支持隧道。但在默认状态下，不必连接事件结构每个分支的输出隧道。所有未连线的隧道的数据类型将使用默认值。右键单击隧道，从快捷菜单中取消选择未连线时使用默认可恢复至默认的条件结构行为，即所有条件结构的隧道必须要连线。也可配置隧道，在未连线的情况下自动连接输入和输出隧道。如图 4-25 所示为在框图上放置一个事件结构。

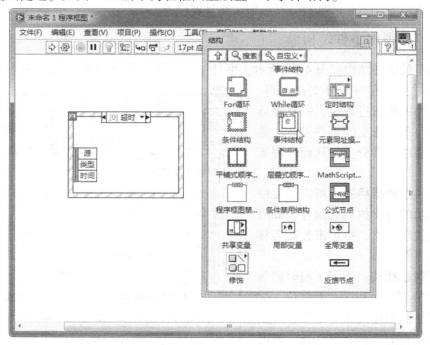

图 4-25   在框图上放置一个事件结构

4.4.2 消息事件

消息事件指一个用户的行为已经发生，使用消息事件来反馈一个已经发生的事件，并且 LabVIEW 已经对它进行了处理。例如："鼠标按下"就是一个消息事件，图4-26 中的事件结构的分支程序实现了用户用鼠标单击停止按钮，按下后停止程序的功能。这个事件是在用户释放鼠标以后 LabVIEW 进行处理的。

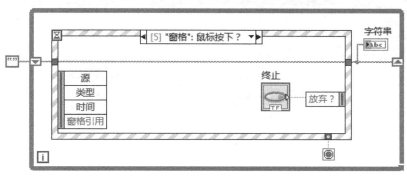

图 4-26 消息事件

4.4.3 过滤事件

过滤事件在用户行为发生之后，LabVIEW 处理该事件之前先告知用户，由用户来决定程序接下来如何处理事件，有可能处理的方式与默认的处理不同。过滤事件有什么好处？使用过滤事件以后，用户可以随时按需要修改程序对事件的处理，甚至可以完全放弃该事件，而对程序不产生影响。例如："前面板关闭？"就是一个过滤事件（过滤事件后面都有一个问号"？"）。图4-27 中的事件结构实现放弃对"前面板关闭？"这一事件的响应，从而将这一事件过滤。

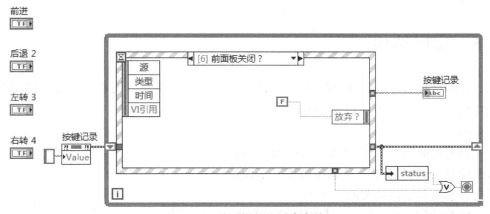

图 4-27 前面板关闭过滤事件

4.4.4 更多事件

这里简单介绍了两种比较常见的事件：消息事件和过滤事件。但是在 Lab-

VIEW 中有着种类繁多的事件，因为有了事件结构，我们才可以轻松地完成许多工作。例如：鼠标单击、键盘操作、数值控件改变和光标进入 VI 窗口等。

正如我们所看到的，事件通常指的是 GUI 事件，但也可以指前面板控件的值发生变化，甚至可以定义自己的定制事件。

右键单击结构边框，可添加新的分支并编辑需处理的事件，如图 4-28 所示。

图 4-28　编辑事件

建议使用编辑事件对话框与即时帮助相结合来探索 VI 及其前面板控件中所有可用事件。

4.5　定时结构

定时结构和 VI 用于控制定时结构在执行其子程序框图、同步各定时结构的起始时间、创建定时源，以及创建定时源层次结构的速率和优先级。

打开定时结构的函数面板（见图 4-29），最上面是定时循环和定时顺序结构。下面的是与控制时间结构相关的一些 VI。

定时结构，顾名思义，与时间控制有关。LabVIEW 中原本有一些用于延时或定时的函数，比如等待（ms），等待下一个整数倍 ms 等，它们都位于定时面板中。利用这些函数，基本可以实现与使用时间结构相同的功能。

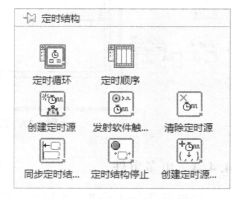

图 4-29　时间结构的函数面板

定时结构的最大改进在于，它可以选择使用哪个时间源（硬件）来定时。尤其是当 LabVIEW 程序运行在 RT、FPGA 等设备上时，这一点就特别有用了。使用定时结构指定使用硬件设备上，而不是 PC 机上的时钟来定时，可以使运行时序更精准。即便同样都是在普通 PC 机上使用，定时间结构的定时效果也要比等待（ms）等函数精确得多。

4.5.1 定时循环

在 VI 开发根据指定的循环周期顺序执行一个或多个子程序框图或帧。在以下情况中可以使用定时循环结构，如开发支持多种定时功能的 VI、精确定时、循环执行时返回值、动态改变定时功能或者多种执行优先级。右键单击结构边框可添加、删除、插入或合并帧。图 4-30 所示为定时循环结构。

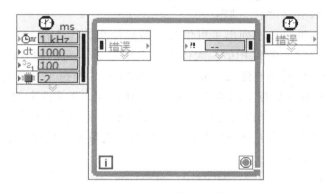

图 4-30　定时循环结构

4.5.2 定时顺序结构

定时顺序结构由一个或多个子程序框图或帧组成，在内部或外部定时源控制下按顺序执行。与定时循环不同，定时顺序结构的每个帧只执行一次，不重复执行。定时顺序结构适于开发只执行一次的精确定时、执行反馈、定时特征等动态改变或有多层执行优先级的 VI。右键单击定时顺序结构的边框可添加、删除、插入或合并帧。图 4-31 所示为定时顺序结构。

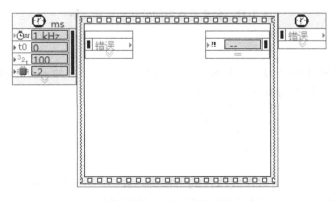

图 4-31　定时顺序结构

4.6 公式节点

公式节点是一种便于在程序框图上执行数学运算的文本节点。用户无须使用任何外部代码或应用程序，且创建方程时不必连接任何基本算术函数。除接受文本方程表达式外，公式还支持为 C 语言编程者所熟悉的 If 语句、While 循环、For 循环和 Do 循环的文本输入。这些程序的组成元素与在 C 语言程序中的元素相似，但并不完全相同。

利用公式节点可以直接输入一个或者多个复杂的公式，而不用创建流程图的很多子程序。使用文本编辑工具来输入公式。创建公式节点的输入接线端和输出接线端的方法是：右键单击公式节点的边框，从快捷菜单中选择添加输入或添加输出。再在节点框中输入变量名称。变量名对大小写敏感。在结构中输入方程。每一个方程表达式都必须以分号";"结尾。

公式节点的帮助窗口中列出了可供公式节点使用的操作符、函数和语法规定。一般来说，它与 C 语言非常相似，大体上一个用 C 语言写的独立的程序块都可能用到公式节点中。但是仍然建议不要在一个公式节点中写过于复杂的代码程序。

公式节点可以用于根据不同的条件处理不同的情况。下面这个例子显示了如何在一个公式节点中执行不同条件时的数据发送。请阅读下面这段程序代码，如果 X 为正数，它将算出 X 的平方根并把该值赋给 Y，如果 X 为负数，程序就给 Y 赋值 -99。

if $(x >= 0)$ then

$\quad y = \mathrm{sqrt}(x);$

else

$\quad y = -99;$

end if

可以用公式节点取代上面这段代码，如图 4-32 所示：

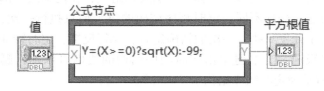

图 4-32　公式节点中的公式和语法注解

> **注意**
>
> 公式节点中变量字母 X、Y 大小写是有区别的，开方的函数 sqrt (X) 中函数名称是小写。符号为英文标点符号。

4.7 小结

LabVIEW 中有两种可以重复执行的子框图：While 循环和 For 循环。两种结构都是大小可变的方框，将重复执行的子框图放入循环结构的边框内。While 循环一直执行到条件端子值变为 False（或者 True，取决于其配置）。For 循环会执行指定的次数。

移位寄存器，只能在 While 循环和 For 循环中使用，它从一次迭代的末尾传送值到下一次循环的开始。要想访问前几次循环的数值，必须添加新元素到移位寄存器左侧接线端。可以使用多个移位寄存器存储多个变量。

LabVIEW 有两种结构可以控制数据流，即顺序结构和条件结构。顺序结构的使用应避免过度使用，尽可能只使用平铺式顺序结构。使用条件结构，根据输入条件选择器中的值来转移至不同的分支，就像传统编程语言中的 if-then-else 结构。

定时子选项卡提供了控制和监视 VI 的定时函数。定时结构则能控制结构定时执行分支的速率和顺序以及定时结构的同步启动。

公式节点可以在框图中直接输入公式。在表达复杂的函数方程时，这是一个非常有用的特性。切记，变量名是大小写敏感的，而且每个公式表达式必须以分号 ";" 结束。

习　　题

4-1　参照图 4-33 创建 VI，在 1s 内每 0.2s 产生一个 0 到 1 之间的随机数，将生成数字的 5 倍显示出来并显示出计数节点的数值。再将其进行循环 5 次，之后输出数组，在第二次循环之外输出第一次循环后的结果，观察其不同点。

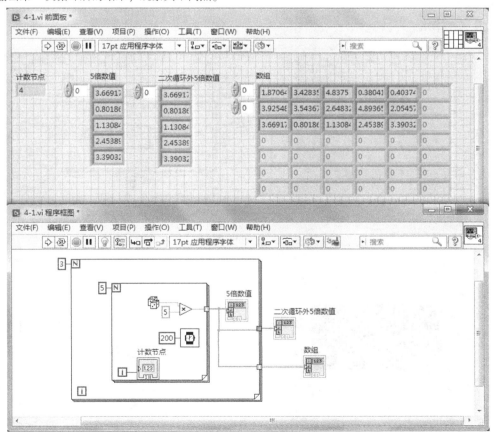

图 4-33　For 循环程序

4-2 参照图 4-34 创建 VI，实现求平均数功能。每 0.5s 随机产生 0～1 之间的随机数，所产生的数字进行求平均值，直到单击停止按钮后停止产生数值。将所产生的随机数及平均数显示在图表上。

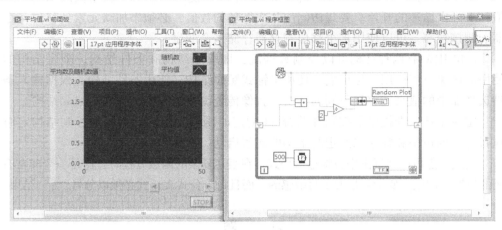

图 4-34　随机数及其平均值

4-3 参照图 4-35 构建 VI，利用选项卡控件，在布尔条件下，当开关按钮为开的状态时，指示灯亮；在另一个事件结构下，选择不同的波形（正弦波、三角波、方波），波形图上相应地出现该线形。

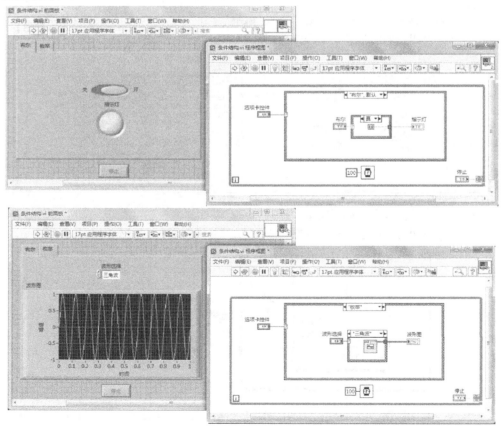

图 4-35　选项卡及条件结构程序图

4-4 参照图4-36创建VI，进行数学计算 $\begin{cases} x = a + b \\ y = c \times d \\ z = y - x \end{cases}$，在程序中，$a$，$b$，$c$，$d$ 分别赋予不同的

值，x，y，z 分别进行输出。（要求使用顺序结构进行编程。）

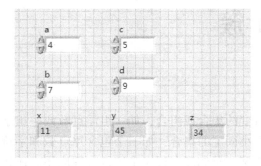
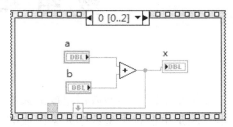
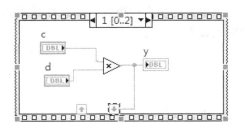
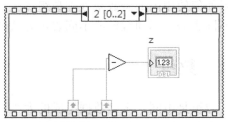

图4-36 层叠式顺序结构数学计算程序

第 5 章

数 组 和 簇

数组是由同一类型数据组成的大小可变的集合或组合，如一组浮点数或一组字符串。簇是由混合类型数据元素组成的大小固定的集合，如一个包含浮点数和字符串的组。本章将讲解数组、簇和自定义类型，及如何在程序中进行合理应用。还将学习如何使用内部函数来处理数组和簇，介绍重要的多态性概念。多态性是函数适应不同类型、不同维数或不同表示方法的输入数据的能力。

5.1 数组

数组是由同一类型数据组成的大小可变的集合或组合。

主要在以下三种情况使用数组：

1）频繁地对一批数据进行绘图时，使用数组将获益匪浅。

2）数组作为组织绘图数据的一种机制十分有用。

3）当执行重复计算或解决能自然描述成矩阵矢量符号的问题时数组也很有用，如解答线性系统方程。

VI 中使用数组能压缩框图代码，并且由于具有大量的内部数组函数和 VI，使得代码开发更加容易。

数组可有一维或多维，每维最多 $1 \sim 2^{31}$ 个元素。元素的最大数量取决于可利用的内存。除了不能有数组的数组、图表数组、图形数组、选项卡控件数组、子面板控件数组、NET 控件数组和 ActiveX 控件数组外，数组的单个元素可以是任何类型。通过数组索引可访问单个数组的元素，索引从 0 开始，隐含数组索引在 0 到 $n-1$ 的范围内（n 是数组元素的个数）。这里以一维数组来举例说明，表 5-1 中数组的每个元素是具有相等时间间隔的电压值。第一个元素的索引值是 0，第二个元素的索引值是 1，依此类推。

表 5-1　一维数组

索引	0	1	2	3	4	5	6	7	8
电压/V	0.4	0.9	1.4	0.8	−0.1	−0.7	−0.3	0.3	0.2

5.1.1 创建数组控件和显示控件

创建数组输入控件和显示控件需要两个步骤：

1）建立空的数组框架。刚创建数组框架端子颜色是黑色的，表示数据类型没有定义（见图 5-1）。放入对象以后就变为反映数据类型的颜色。数据对象可以是数值、布尔值、字符串、路径、引用句柄、簇输入控件或显示控件。

2）将有效的数据对象拖拽至数组框架，或从快捷菜单选取对象直接放到数组框架。元素显示窗口会自动调整大小以适应新的数据类型，如图 5-2 所示。在未放入对象时，元素显示窗口为灰色，放入对象以后就变为反映数据类型的颜色。

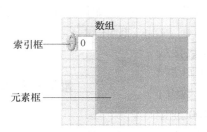

图 5-1 数组框架

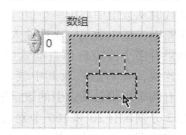

图 5-2 在数组外框中放置一个数值控件

> **注意**
>
> 所有元素要么都是输入控件，要么都是显示控件，不能混合使用。使用调整工具可以将对象调整到能显示所希望数量的数组元素。单击索引框的上下箭头可以浏览整个数组。数组连线比传送单个数值的连线粗。

如果要清除数组输入控件、显示控件或者常数中的数据，可以右键单击索引框，在弹出菜单中选择**数据操作→清空数组**。

如果需要插入或删除数组输入控件、显示控件或常数里的元素，可以在数组元素的弹出菜单上选择**数据操作→在前面插入元素**。

5.1.2 自动索引

索引是循环边界上对数组自动建立索引并累加的能力。在循环的每次迭代中创建数组的下一个元素。循环执行完成后，将数组从循环内输出到显示控件中。创建的是数组显示控件（粗的橙色连线）。如果选择最终值，将只传送最后一个值。创建的是数值显示控件（细的橙色连线）。如图 5-3 所示，注意连线的粗细变化。

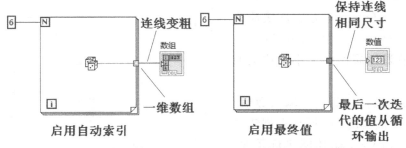

图 5-3 自动索引数组与启用最终值时的循环输出隧道

图 5-3 中，For 循环执行的次数与数组中元素数目相同。通常，如果 For 循环的计数接线端没有连线，运行箭头是断开的。但是这里没有断开，因为 For 循环一次

可以处理数组中的一个元素，所以，LabVIEW 会将计数接线端设置为数组大小。For 循环经常用于处理数组，所以在数组连线到 For 循环时，LabVIEW 默认启用自动索引。在 While 循环中 LabVIEW 默认启用最终值。如果要打开 While 循环的自动索引，必须在数组隧道的弹出菜单中选择索引。要特别注意自动索引的状态，否则会产生难以发现的错误。

在将数组连线到循环时也常使用自动索引。如果在循环中打开自动索引，循环每次迭代时从数组中取出一个值（注意在连线进入循环时是如何变细的）。在循环中禁用索引，整个数组一次性输入到循环中。

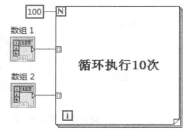

如果有多个隧道启用自动索引，或对计数接线端进行连线，计数值将取其中较小的值。如图 5-4 所示，有两个启用自动索引的数组进入循环，数组 1 和数组 2 分别含有 10 和 100 个元素，将值 100 连接到计数接线端，该循环只执行 10 次，并且数组 2 仅索引前 10 个元素。

图 5-4　For 循环将执行 10 次

5.1.3　二维数组

前面的范例都是一维数组。二维数组存储元素于网格之中。需要一个行索引和一个列索引来定位一个元素。表 5-2 说明了如何表示包含 24 个元素的 6 列 4 行数组。

表 5-2　具有 24 个元素的 6 列 4 行元素

	0	1	2	3	4	5
0						
1						
2						
3						

三维数组需要三个索引，通常 n 维数组需要 n 个索引。

在前面板上创建一个多维数组，增加或减少维数有以下三种方法：

1）调整索引框大小，直至出现所需维数。

2）右键单击索引框，从快捷菜单中选择添加维度或者删除维度。

3）在数组属性的大小子选项卡里修改。

如果不想在前面板上输入数值，可以用两个嵌套的 For 循环来创建二维数组。外部 For 循环创建行元素，内部 For 循环创建列元素。如图 5-5 所示，注意二维数组的连线是两条线，比一维数组的连线要粗。

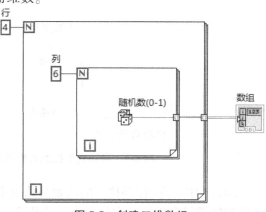

图 5-5　创建二维数组

5.1.4 数组处理函数

有许多内部函数可以用于数组操作，一般在**函数→编程→数组**子选项卡里面。数组选项卡如图5-6所示，下面介绍几个经常用到的数组函数。

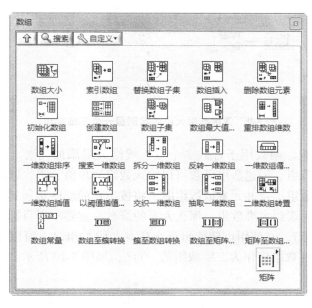

图5-6 数组选项卡

（1）初始化数组 以用户指定的元素值创建 n 维数组，数组中所有的元素值初始化成一个值。一个未初始化的数组包含固定的维数，但不包含任何元素。图5-7所示为一个未初始化的二维数组输入控件。注意元素都是灰色的，表示数组未初始化。

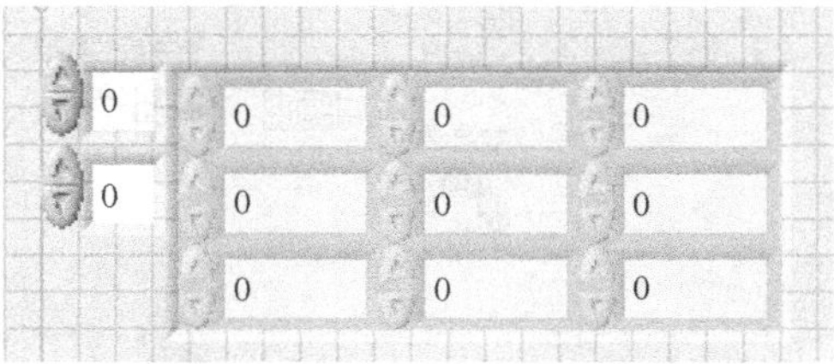

图5-7 未初始化的二维数组

在图5-8中，使用初始化数组函数，初始化了4个元素。每个元素都是双精度浮点型的4。函数具有给数组分配内存的作用。例如：当用移位寄存器将数组从一个迭代传送到另一个迭代时，可以使用该函数初始化移位寄存器。

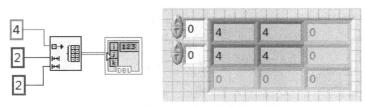

图5-8 一个有4个元素初始化的二维数组

（2）数组大小 返回数组元素的个数。如果是一个 n 维数组，将返回一个具有 n 个元素的一维数组，数组中的元素为输入数组的每一维的大小。如图5-9所示，使用数组大小函数测量了一个 4×3 的二维数组。数组大小显示控件中第 1 个值，显示数组每一列有 4 个元素，第 2 个值显示每一行有 3 个元素。

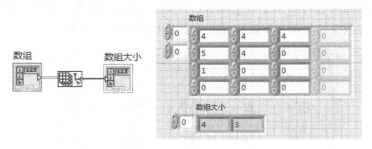

图 5-9　使用数组大小函数测量一个二维数组

（3）创建数组　函数用于合并多个数组或给数组添加元素。函数有两种类型的输入：标量和数组。创建数组函数可以输入数组和单值元素，以便将数组和单值输入集成到一个数组。合并元素或数组时，将按出现的顺序从顶到底合并。

如果要添加元素到多维数组，那么元素的维数一定要小于目标数组（如添加一维元素到二维数组）。在使用创建数组函数建立二维数组时，可以连接一维数组作为元素（每个一维数组将作为二维数组的一行），如图 5-10 所示。

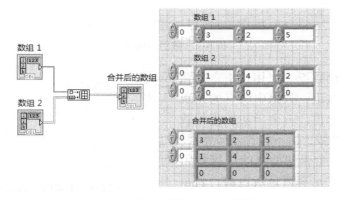

图 5-10　添加一维数组到二维数组

有时候要将许多一维数组连接起来，而不是创建二维数组，这种情况下，选择创建数组函数**连接输入**，如图 5-11 所示。

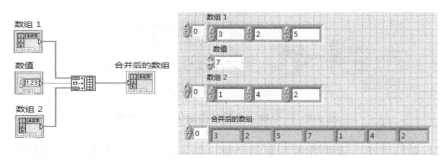

图 5-11　使用创建数组函数连接两个一维数组和一个标量

（4）数组子集　返回数组中从索引开始的**长度**个元素部分。如图 5-12 中索引为 2，长度为 4。前边已经讲过数组的索引是从 0 开始的，所以索引为 2 的是数组中的第三个元素。这里数组子集是由从 5 开始的 4 个元素 5、7、1、4 组成。

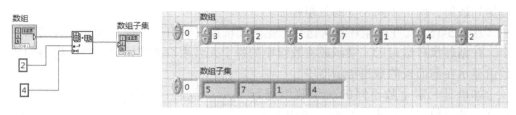

图 5-12　使用数组子集函数得到 4 个元素的数组子集

（5）索引数组　访问数组中特定的元素。图 5-13 显示了索引数组函数实例，访问数组中的第 3 个元素。

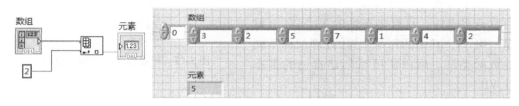

图 5-13　使用索引数组函数访问一维数组中的第 3 个元素

同样可以使用该函数找出二维数组中的行、列或标量元素。如果要找出标量元素，连接所要元素的行索引到第一个输入，连接列索引到第二个输入。如果要找出行或列，只需要将索引数组函数的一个输入悬空即可。如果要从二维数组中找出列，将第一个索引输入悬空，然后将列索引（第二个索引输入）连线到所需要提取列的值。

注意

在输入悬空时，索引端子的图标从实心小方框变为空心小方框。

（6）删除数组元素　删除数组的一部分。从索引开始，**长度**个元素。与数组子集函数相似，删除数组元素函数返回数组的一部分，可以删除数组被删除后剩下的部分，也可以返回数组被删除的部分。图 5-14 中索引为 2，长度为 3。

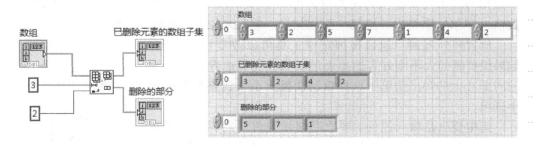

图 5-14　使用删除数组元素函数删除 3 个元素的数组子集

5.1.5 多态性

某些函数（如加、减、乘、除）能接受不同维数和类型输入的能力。如标量添加到数组，两个不同长度的数组相加等。

在图 5-15 中，For 循环每次迭代产生的随机数（0~1）存储在循环边界的数组中。在循环执行结束后，乘函数将数组中的每个元素乘以指定标量，然后将得到的数组显示在前面板的数组指示器中。

如果对元素个数不同的两个数组进行运算，结果数组的元素个数取二者中小者。换言之，LabVIEW 操作两个数组中对应的元素，直到操作完其中一个数组的所有元素，而另一个数组中剩下的元素将被忽略。

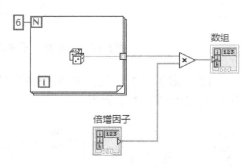

除了函数可以具有多态性，VI 同样也可具有多态性。具有多态性的 VI 实际上就是一组 VI，其中的每一个 VI 处理一种不同的数据类型。用户还可以创建自己的多态性 VI。

图 5-15　一维数组乘以标量数值

5.2 簇

簇是一种类似于数组的数据结构，用于分组数据。它类似于 C 语言中的 struct，可以包含不同的数据类型，但是簇不能同时包含输入控件和显示控件。使用簇可以把分布在流程图中各个位置的数据元素组合起来，这样可以减少连线的拥挤程度。

可以将簇看成一捆连线，每一个连线表示不同的元素。在框图上，只要当簇具有相同类型、相同元素数量和相同元素顺序，才可以将簇的端子相连。簇有固定的大小。

5.2.1 创建簇输入控件和显示控件

通过以下方式在前面板窗口上创建一个簇输入控件或簇显示控件：在前面板窗口上添加一个簇外框（位于**控件**选项卡的**数组、矩阵与簇**子选项卡），再将一个数据对象或元素拖拽到簇外框内部，如图 5-16 所示。数据对象或元素可以是数值、布尔、字符串、路径、引用句柄、簇输入控件或簇显示控件。

放置簇外框时，通过拖拽定位工具可以改变簇的大小。如果想要簇的大小刚好容纳里面的对象，在其边界（不是簇的内部）上的弹出菜单中选择**自动调整大小→调整为匹配大小**选项。

簇中要么是输入控件，要么是显示控件。两者不能同时并存。当从任何簇的元素选择显示和输入转换时，所有元素的性质一起改变。

图 5-16　簇控件的创建

5.2.2 簇顺序

簇按照放入的顺序排序,与它们在框架中的位置无关。放入簇中的第 1 个对象是元素 0,第 2 个是元素 1,依此类推。删除元素时顺序会自动调整。簇顺序决定接线端的显示顺序,如果要访问单个簇元素,一定要记住簇顺序。因为簇中的单个元素访问是按顺序访问的。

右键单击簇边框,从快捷菜单选择**重新排序簇中控件**,可以改变检查和设置簇元素顺序。

如图 5-17 所示,每个元素的白色框显示它在簇顺序中的当前位置。黑色框显示每个元素在簇中的新位置。在**单击设置**文本框中输入新顺序的序数并单击该元素,就可以设置簇元素的顺序。元素的簇顺序变化后,其他元素的簇顺序会做相应调整。单击工具栏中的**确认按钮**,保存所做的更改。单击**取消按钮**,返回原有顺序。

如需对两个簇进行连线,它们必须有相同数目的元素。与簇顺序相对应的元素也必须具有兼容的数据类型。例如:如果一个簇中的双精度浮点数值与另一个簇中的字符串有相同的簇顺序,将这两个簇相连,连线将是断开的,并且 VI 不能运行。如果数值的表示法不同,LabVIEW 会将它们强制转换为同一表示法。

图 5-17　重新对簇排序

5.2.3 簇函数

使用簇函数创建簇并对其进行操作,如可以执行以下类似操作:①从簇中提取单个数据元素;②向簇中添加单个数据元素;③将簇拆分成单个数据元素。

在程序框图中右键单击簇接线端,从快捷菜单中选择**簇、类与变体**选板,可以在程序框图上放置簇函数。捆绑和解除捆绑函数自动包含正确的接线端数字。按名称捆绑和按名称解除捆绑函数随簇中的第一个元素同时出现。使用定位工具可以调整大小,显示簇中其他元素。常见的簇函数如图 5-18 所示。

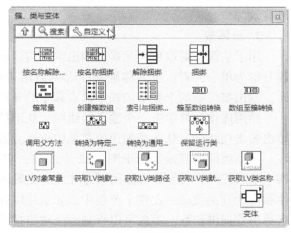

图 5-18　簇函数选项卡

1. 集合簇

捆绑函数用于将若干独立的元素装配到一个新簇中，或替换现有簇中的元素，如图 5-19 所示。使用定位工具或者右键单击一个元素输入，从快捷菜单中选择添加输入，可调整函数的尺寸大小。

2. 修改簇

如果要替换簇中的元素，只需要对需要改变的元素进行连线。如果知道簇的顺序，可通过捆绑函数修改簇，如图 5-20 所示。

图 5-19　在程序框图中集合一个簇　　　图 5-20　通过捆绑修改簇（一）

按名称捆绑函数也可替换或者访问现有簇中带标签的元素。与捆绑基于簇顺序不同，按名称捆绑是以自身标签为引用，只有带标签的元素可以被访问。输入的个数不需要与输出簇中的个数相匹配。按名称捆绑函数不能创建新函数，只能替换已有簇中的元素。

使用操作工具单击一个输入接线端并在下拉菜单中选择一个元素。也可以右键单击输入端，从**选择项**快捷菜单中选择元素。

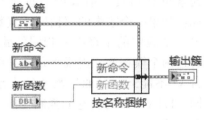

图 5-21　通过捆绑修改簇（二）

在图 5-21 中，按名称捆绑函数可用于改变新命令和新函数。

按名称捆绑函数用于在开发过程中可能会改变的数据结构。如果为簇添加一个新元素或者改变了元素的顺序，无需对按名称捆绑函数重新连线，因为这些名称仍然有效。

3. 分解簇

用于从簇中提取单个元素，输出组件按簇顺序从上到下排列。解除捆绑用于将簇分解为单个元素；按名称解除捆绑函数用于根据指定的元素名称返回单个簇元素，输出接线端的个数不依赖于输入簇中的元素个数。

使用操作工具单击一个输入接线端，从下拉菜单中选择一个元素。也可以右键单击输出接线端，从选择项快捷菜单中选择元素。

如果解除捆绑函数用于图 5-22 中的簇，它会有四个输出接线端，对应于簇中四个输入控件。必须知道簇的顺序才能将正确的将被解除捆绑簇的布尔接线端与簇中相应的开关关联。在这个范例中，元素是以 0 开始从头到尾排序的。如果使用按名称解除捆绑函数，不仅可以得到一个输出接线端的任意顺序，而且可以以任意顺序按名称访问单个元素。

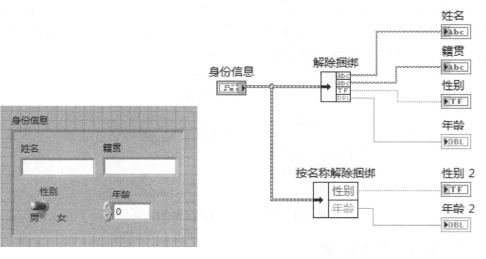

图 5-22　解除捆绑和按名称解除捆绑函数

5.2.4　错误簇和错误处理函数

LabVIEW 包含一个特殊的簇，该簇被称为错误簇。LabVIEW 中的错误簇用于传递错误信息。错误簇包含三个元素，一是**状态**：布尔值，错误产生报告真。二是**代码**：32 位有符号整数，以数值方式识别错误。一个非零错误代码和假状态相结合可表示警告但不是错误。三是**源**：用于识别错误发生位置的字符串。

1. 传输错误信息：错误流

在框图中使用错误簇存储错误信息，使用数据流传输错误簇。LabVIEW 中的许多函数和 VI 都有错误输入和错误输出接线端，并且高亮显示。

在给 VI 添加错误输入和错误输出 I/O 接线端时，允许调用的 VI 将错误簇级联，以此创建子 VI 之间的数据流依赖关系。同样，也应该允许应用程序执行错误处理，这都是有益的编程习惯。就算自己的子 VI 不会产生错误，也要在前面板上放置错误 I/O 接线端，在框图上放置错误条件结构，让错误信息传递贯穿整个软件。

2. 子 VI 中错误的产生和响应

关于错误的产生和响应，希望函数和 VI 能完成以下功能。

1）如果错误输入包括错误（状态＝真），不需要做任何处理，除非进行"结尾"工作，例如：①关闭相关的文件。②关闭相关的设备或断开相关的连接。③使系统回到空进程/安全状态（关闭点击等）。

2）如果错误发生在函数或者 VI 内部，函数就必须通过错误输出接线端输出错误信息，除非已经有错误信息从错误输入接线端输入，这种情况下只需要将从错误输入进入的错误信息原封不动地输出到错误输出。

3. 用条件结构进行错误处理

将所有的功能代码"打包"放入条件结构，子 VI 就能够完成所期望的工作。条件结构就是一个由错误簇连接到其条件端子的条件结构。将错误簇连接到条件结构的条件选择器接线端时，条件选择器标签将显示两个选项：错误和无错误。同时条件结构边框的颜色将改变：错误时为红色，无错误时为绿色，如图 5-23 所示。发生错误时，条件结构将执行错误子程序框图。

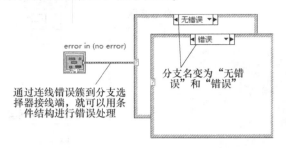

error in (no error)

通过连线错误簇到分支选择器接线端，就可以用条件结构进行错误处理

分支名变为"无错误"和"错误"

图 5-23   用条件结构进行错误处理

4. 用循环进行错误处理

可将错误簇连接到 While 循环或 For 循环的条件接线端以停止循环的运行。如将错误簇连接到条件接线端，只有错误簇状态参数的真或假值会传递到接线端。当错误发生时，循环即停止执行。对于具有条件接线端的 For 循环，还必须为总数接线端连接一个值或对一个输入数组进行自动索引以设置循环的最大次数。当发生一个错误或设置的循环次数完成后，For 循环即停止运行。

将一个错误簇连接到条件接线端上时，快捷菜单项**真（T）时停止**和**真（T）时继续**将变为**错误时停止**和**错误时继续**。

5. 合并错误

如果在逆向错误发生时，仍然希望做一些收尾工作怎么办？在这种情况下，不能使用条件结构打包功能代码，而是使用合并错误将输出的错误簇和逆向错误簇汇总起来，如图 5-24 所示。

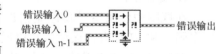

错误输入 0
错误输入 1   错误输出
错误输入 n-1

图 5-24   合并错误

合并错误（**函数→编程→对话框与用户界面**选项卡）汇总不同函数的错误簇。该函数从错误输入 0 参数开始查找错误并报告找到的第一个错误。如函数没有找到错误，函数可查找警告并返回第一个警告。如函数没有找到警告，函数返回无错误。通过异常情况处理控件，可忽略一般意义上的错误，或使错误作为警告处理。子 VI 和错误处理模板 VI 相结合可创建带有错误处理条件结构的 VI。

在程序框图上放置该函数时，只有两个输入端可用。右键单击函数，在快捷菜单中选择添加输入，或调整函数大小，可为节点添加输入端。右键单击函数，在快捷菜单中选择删除输入，或调整函数大小，可删除节点的输入端。

6. 错误代码至错误簇转换 VI

如果在调用子 VI 或函数时产生了错误，可以尝试一次（或尝试其他的方法）或放弃调用而直接送出错误信息（向下传输或向上传输给调用的 VI）。但是，也许因为调用的 VI 传入了不正确的输入，而希望产生一个新错误时怎么办，这种情况就要使用**错误代码至错误簇转换 VI** 来产生新的错误输出。

错误代码至错误簇转换 VI（**函数→编程→对话框与用户界面**选项卡）将错误或警告代码转换成错误簇。在收到 DLL 调用的返回值或者获得用户自定义的错误代码时，该 VI 非常实用。

7. 显示错误消息给用户

如果子 VI 和顶层的应用程序不能处理错误，只能"放弃"，然后显示错误消息给用户，这是错误处理的最终手段。为了显示包含错误信息的对话框，将错误传递给简易错误处理器 VI。在这种情况下，输入一个负数（无效输入）到如图 5-25 所示的子 VI。

简易错误处理器 VI 指出是否有错误产生。如果有错误产生，该 VI 返回错误的描述信息和可选择的对话框。该 VI 调用的通用错误处理 VI，与通用错误处理 VI 功能基本相同，只是选项少些。

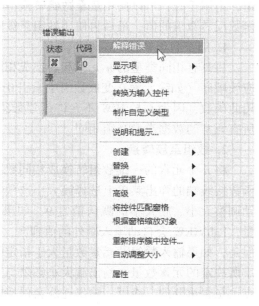

图 5-25　选择错误簇弹出菜单上的解释错误打开解释错误对话框

8. 解释错误

对于成功的错误处理，可以使用解释错误对话框，如图 5-26 所示。当簇弹出菜单上的解释错误可以获得错误的更多信息。

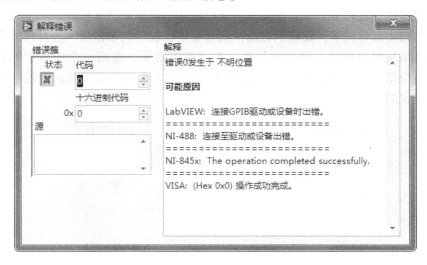

图 5-26　解释错误对话框显示错误的详细解释

5.2.5　数组和簇的转换

有时将数组转换为簇使用会很方便，反之亦然。这种转换非常有用，因为 LabVIEW 中包含的数组操作函数比簇操作函数多。例如：如果想要把前面板上按钮簇中所有按钮的值都反转，那么**反转一维数组**函数是很好的选择。但是它只适用于数组，不用担心，可以使用**簇至数组转换**函数将簇转换成数组，再利用反转一维数组函数反转数组的值，最后再使用**数组至簇转换**函数转换回簇。

1. 簇至数组转换

将具有相同类型的 n 元素簇转换成相同数据类型的 n 元素数组。数组的索引对应簇顺序（如簇元素 0 变成数组中索引 0 的值）。不能对包含以数组为元素的簇使用此函数，因为 LabVIEW 不允许创建数组的数组。注意在使用该函数时，簇中的所有元素的数据类型必须相同。

2. 数组至簇转换

将 n 个元素的一维数组转换成相同数据类型的 n 元素簇，必须在数组至簇转换函数接线端的弹出菜单上选择簇大小选项指定簇的大小，因为簇不会像数组一样自动调整大小。簇大小的默认值是 9，如果数组非空且小于簇大小所规定的元素数量，LabVIEW 会自动填入额外的值到簇，这些值就是簇内元素数据类型的默认值。但是，如果输入数组的元素数量大于指定的簇大小，输入数组会被截断以适合簇大小所规定的元素数量。输出簇大小必须与连接到其输入数据的元素数量匹配，这一点也是很重要的。否则，输出连线会保持中断直到簇大小调整合适。

如果希望在前面板的簇输入控件或显示控件上显示元素，以前需要在框图上用索引操作元素，而现在使用这两个函数可以轻松完成。这两个函数都能在函数选项卡的**编程→簇、类与变体**选板上找到。

3. 数组和簇的比较函数模式

一些比较函数在比较数组和簇的数据时有两种模式：**比较元素模式**和**比较集合模式**。右键单击比较节点在弹出菜单的比较模式子菜单中选择模式。

在比较集合模式下，比较函数返回集合整体比较后的布尔值，当且仅当所有元素的比较结果都为真时返回值才是真。在比较模式下，返回一个布尔型的数组或簇，里面数据是基于每个元素的比较结果。图 5-27 所示为在加函数上使用两个不同比较模式的示例。

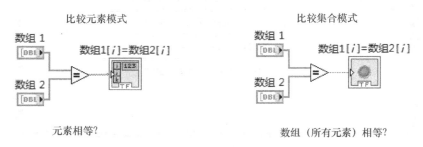

图 5-27 多态性比较函数的两种不同比较模式

5.3 小结

数组是同一类型数据元素的有序集合。在 LabVIEW 中，数组中的元素可以是图表、图形和另一个数组类型之外的任何数据类型。创建数组需要两个步骤：首先在窗口中放置数组框架，然后添加需要的输入控件、显示控件或常数到框架。

　　LabVIEW 中提供了许多数组操作函数，例如：创建数组和索引数组函数，都位于函数选项卡的**编程→数组**子选项卡中。For 循环和 While 循环使用自动索引都可以在其边界上创建数组，该特性在创建数组和处理数值时很实用。记住，LabVIEW 默认启用 For 循环的自动索引功能，默认启用 While 循环的最终值功能。

　　多态性表示函数自动调整适应不同数据输入的能力。我们已经讨论过算术函数的多态性，然而，其他许多函数也同样具有多态性。

　　簇也是一组数据，但是和数组不一样，它们可以接受不同类型的数据。创建簇必须经过两个步骤：首先在前面板或框图中放置框架，然后添加需要的输入控件、显示控件或常数到框架内。记住，放进簇的对象必须全都是输入控件，或者全都是显示控件。二者不能在簇中同时使用。

　　使用簇是为了减少连接到 VI 的连线和接线端的数量。例如：在前面板上有许多输入控件和显示控件需要连接到接线端，如果将其绑定成簇，就只需要一个接线端即可。

　　解除绑定函数将簇分解成单个元素。按名称解除捆绑函数功能与解除捆绑函数相似，但是根据标签访问元素。使用按名称解除捆绑函数可以访问任意数量的元素，但是使用解除捆绑函数必须访问整个簇。

　　捆绑函数将单个元素组成新的簇或者使用簇代替元素。按名称捆绑函数不能绑定簇，但是却能够替换簇中的单个元素而不需要访问该簇。另外，使用按名称捆绑函数不需要担心簇顺序和正确地捆绑函数大小。在使用按名称捆绑函数和按名称解除捆绑函数时，只需要确认所有的元素都有名称即可。

　　错误簇是 LabVIEW 中一种特殊的数据类型，用来传递 LabVIEW 代码运行时产生的错误信息。LabVIEW 中的许多函数和 VI 都有错误输入和错误输出接线端。连接 VI 的错误输入和错误输出来增强数据流，保证错误信息在应用程序中的传递。

　　在创建 VI 时，遵循有关错误处理和错误传递的标准是很重要的。将功能代码放入错误条件结构，当有错误流进入 VI 时，此段代码就不会执行。错误汇总来源于并行执行的 VI。不要在子 VI 中弹出错误对话框。只有在错误无法用合适的方式处理时，才在主应用程序上使用错误对话框。

习　　题

　　5-1　参见图 5-28 创建 VI，对个人信息的分解，从捆绑在一起的个人信息（姓名、性别、年龄、籍贯等）中提取出所需要的姓名、年龄信息即可。

　　5-2　参见图 5-29 创建 VI，给定一个数组，将其分为两组，一组数大于 0，另一组数小于等于 0。

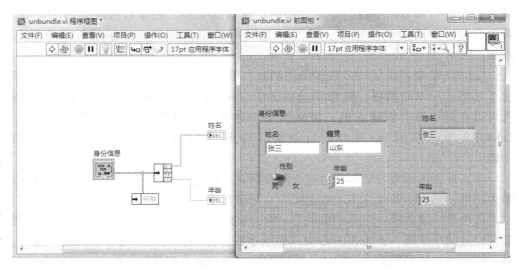

图 5-28   解除捆绑个人信息

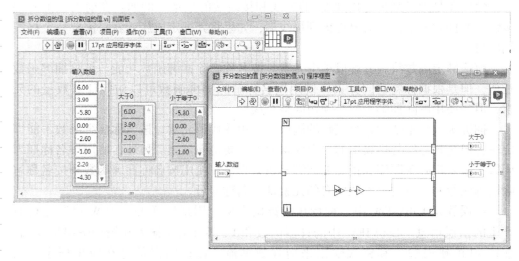

图 5-29   拆分数组

波形图表和波形图

LabVIEW 的图表和图形使得程序员可以用图形方式显示数据曲线。图表交互式地绘制数据，当新数据到达时，可将新数据追加到旧数据上，这样就可以和以前的数据对照观察当前数据。图形以一种更传统的方式绘制先前产生的数值数组，但并不保存以前产生的数据。本章将学习波形图表和波形图的几种使用方法及其他一些特性。

6.1 波形图表

波形图表位于控件选项卡的图形子选项卡中，是显示一条或者多条曲线的特殊数值控件，一般用于显示以恒定速率采集到的数据信号曲线。图表常常用于循环中，保存并显示以前采集到的数据，当新数据到达时可以追加到一个连续更新的显示图表中。向图表传送数据的频率决定了图表重绘的频率。图 6-1 所示为一个多曲线的波形图表。曲线 1（红色）为曲线 0（白色）的平均值。

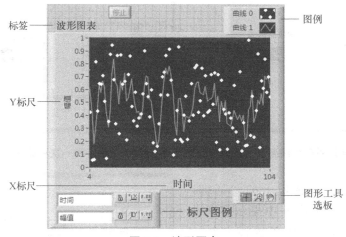

图 6-1 波形图表

6.1.1 刷新模式

波形图表有 3 种刷新数据的模式：带状图表、示波器图表和扫描图。右键单击图表，选择**高级→刷新模式**，可配置图表的刷新模式，如图 6-2 所示。

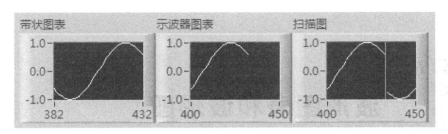

图 6-2　图表刷新模式

带状图表：从左到右连续滚动地显示运行数据。类似于纸带图表记录器，旧数据在左，新数据在右。带状图表是默认的刷新模式。

示波器图表：显示某一项数据，如脉冲或波形，并从左到右地滚动图表。图表将新数据值绘制到前一个数据的右边。当曲线到达绘图区域的右边界时，LabVIEW将擦除整条曲线并从左边界开始绘制新曲线，类似于示波器。

扫描图：与示波器图表不同的是，扫描图中有一条垂线将右边的旧数据和左边的新数据隔开。当曲线到达绘图区域的右边界时，扫描图表中的曲线不会被擦除。这种显示特性类似于心电图仪。

6.1.2　对图表进行连线

一个标量输出可以直接连接到波形图表，每次循环迭代就会添加一个点到示波器。波形图表的接线端自动与输入数据类型匹配。通过传递给图表一个数值数组，也可以一次更新多个点，如图 6-3 所示。

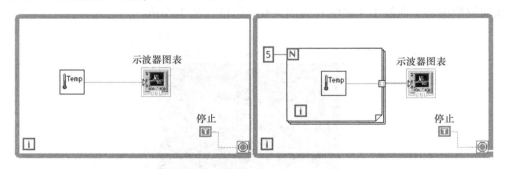

图 6-3　连接单条曲线到波形图表，一次更新一个点（左）和一次更新多个点（右）

位于簇与变体选板上的"捆绑"函数可用于在波形图表中显示多条曲线。在图 6-4 中，捆绑函数将三个 VI 的输出捆绑在一起显示到波形图表上。

波形图表接线端会自动转换数据类型，与捆绑函数的输出相匹配。用定位工具改变捆绑函数的大小可以增加波形图表中显示的曲线数量。

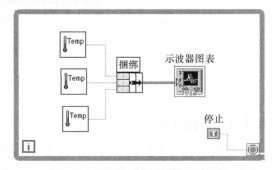

图 6-4　连接多条曲线到波形图表

图表和图形都是多态的，均可接受不同类型的数据，并且允许创建单曲线和多曲线。借助于即时帮助可以查阅曲线数据类型的详细描述，帮助正确使用曲线。

6.1.3　层叠显示曲线与分格显示曲线

对于一个多曲线图表，可以选择在同一个 Y 轴上显示所有曲线，称为层叠显示曲线；也可以让每一个曲线拥有自己的 Y 轴，称为分格显示曲线。从图表的弹出菜单中选择设置显示类型。图 6-5 所示为层叠显示曲线与分格显示曲线。

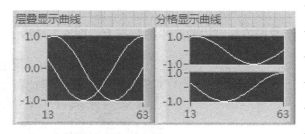

图 6-5　层叠显示曲线与分格显示曲线

6.1.4　多 Y 轴刻度

对于多曲线图表，有时需要对覆盖曲线中的每一个曲线使用不同的 Y 轴刻度。例如：如果一条曲线的 Y 轴刻度范围是从 -1 到 $+1$，而另一条的刻度范围是从 -100 到 $+100$，它们将相互覆盖难以分辨其刻度。从 Y 轴上弹出菜单并选择复制标尺可以为 Y 轴创建多个刻度。复制刻度后，还需要将其移动到图表的另一侧，可以通过在刻度上弹出菜单并选择两侧交换来实现。要删除一个 Y 刻度，可在刻度上弹出菜单并选择删除标尺。如图 6-6 所示是一个具有两个 Y 轴刻度的多曲线图表，图表的每一侧各有一个刻度。如果想要恢复默认布局，从快捷菜单中，选择**高级→重置标尺布局**即可。

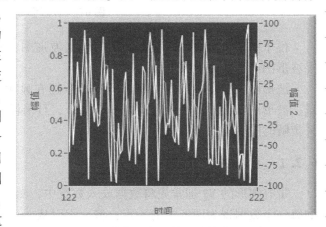

图 6-6　带有两个 Y 轴刻度的波形图表

> **注意**
>
> X 轴不能被复制，一个图表中只能有一个 X 轴刻度。如果在 X 轴刻度上弹出菜单，将会注意到菜单中的复制标尺选项是灰色（不可用）的。但是在图形中允许使用多个 X 轴刻度。

6.1.5　图表历史长度

波形图表会保留来源于此前更新的历史数据，又称缓冲区。右键单击图表，从快捷菜单中选择**图表历史长度**，可配置缓冲区大小。波形图表的默认图表历史长度为 1024 个数据点。改变缓冲区的大小并不影响屏幕上显示数据的多少——调整图表的大小以调整每次显示的数据点数。然而，增加缓冲区的大小的确增加了滚动出去的数据点数。

6.2 波形图

带有图形的 VI 通常先将数据放于数组中，然后再绘制到图形上。图形不能将新数据追加到以前产生的数据上。图 6-7 显示了图形的组成元素。

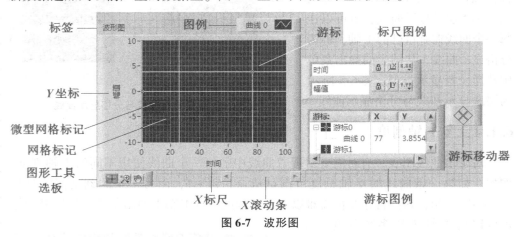

图 6-7 波形图

位于图形显示控件选板上的图形包括波形图、XY 图、强度图、三维图形、数字波形图和一些专业图形。

波形图支持多种数据类型，降低了数据在显示为图形前进行类型转换的工作量。波形图仅绘制单值函数，如 $y = f(x)$，且采样点必须沿 X 轴均匀分布，例如：采集随时间变化的波形。

6.2.1 单曲线波形图

带有图形的 VI 通常先将数据放入数组中，然后再绘制到图形上。它将数组中的每一个数据视为图形中的一点，将 x 索引从 $x = 0$ 开始，以 1 为增量递增。波形图也支持包含 x 初始值、Δx 和 y 数据数组的簇。波形图还支持波形数据类型，该类型包括波形的数据、起始时间和间隔时间（Δt）。

如图 6-8 所示，在该例子中，使用 For 循环生成 y 数组，然后定义初始值 $x_0 = 10$ 和 $\Delta x = 2$。

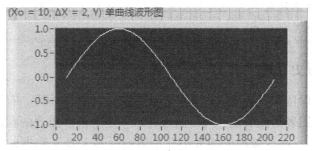

a)

图 6-8 单曲线波形图

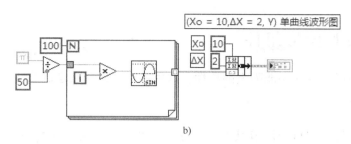

b)

图 6-8 单曲线波形图（续）

6.2.2 多曲线波形图

多曲线波形图同样支持多种数据类型。波形图接收二维数值数组，数组中的一行即一条曲线。波形图将数组中的数据视为图形上的点，数组的 x 索引从 $x=0$ 开始，以 1 为增量递增。多曲线波形图尤其适用于 DAQ 设备的多通道数据采集。在 DAQ 设备以二维数组的方式返回数据，数组中的一列即代表一路通道的数据。将二维数组与图形相连，然后右键单击该图形，从快捷菜单中选择转置数组，使得采集到的数据显示在波形图中。

波形数组接收包含簇的曲线数组，每个簇包含一个包含 y 数据的一维数组。如果每条曲线所包含的元素个数不同，例如：从几个通道采集数据且每个通道的采集时间不同。那么就应该使用曲线数组而不是二维数组，因为二维数组每行中的元素个数必须相同；而簇数组内部数组的元素个数可以不同。

波形数组还可以接收包含初始值 Δx 及 y 数据数组的簇数组。这种数据类型为多曲线波形图所常用，可指定唯一的起始点和每条曲线的 x 标尺增量。图 6-9 所示为波形图的程序框图。

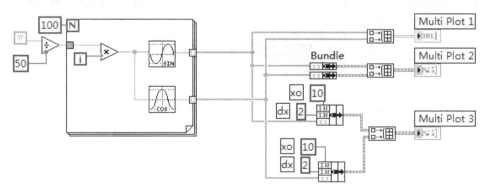

图 6-9 波形图的程序框图

波形图还支持动态数据类型，该数据类型用于 Express VI。动态数据类型除了包括与信号相关的数据外，还包括提供信号信息的属性（如信号名称或数据采集的日期和时间等）。属性指定了信号在波形图中的显示方式。当动态数据类型包含多个通道时，波形图为每个通道数据显示一条曲线，并自动格式化标绘图图例和 x 标尺的时间标识。

6.3 图表和图形组件

图表和图形有许多功能强大的特性，这些特性可以用来定制曲线。

6.3.1 标尺

图表和图形能够自动调节其水平和垂直刻度来反映绘制在其上面的数据点分布。也就是说，刻度自动调整会以最高分辨率显示图形上的所有点。可以使用对象弹出菜单中的 X 标尺子菜单或 Y 标尺子菜单中的自动调整 X 标尺或自动调整 Y 标尺选项，来打开或关闭自动调整标尺功能。也可以从刻度图例中控制这些自动调整标尺功能。使用自动刻度功能会使图表或图形的更新速度变慢，这取决于所用的计算机和显示系统，因为必须计算每一个点的新刻度。

X 和 Y 标尺各自都有一个子菜单选项，如图 6-10 所示。

通常情况下，当执行自动调整标尺操作时，刻度被设置为数据的精确范围。使用近似调整上下限选项可以将 LabVIEW 的刻度调整为"整齐的"数字。使用此选项时，数字被舍入为标尺增量的倍数。例如：如果标记增量为 5，那么最大值和最小值被设置为 5 的倍数，而不是数据的精确范围。

属性选项打开图表的属性对话框，且激活的是显示格式选项卡，如图 6-11 所示。在这里，可以配置标尺的数字格式。

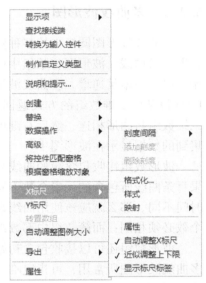

图 6-10 X 标尺和 Y 标尺图形弹出子菜单选项

图 6-11 图表属性对话框的显示格式选项卡（一）

如图 6-12 所示，从图表属性对话框的选项卡，可以配置下列项目：

图 6-12　图表属性对话框的标尺选项卡（二）

轴：设置要配置的标尺。如选择多个图形或图表，坐标轴控件列表中可显示图形或图表可共用的标尺。在列表中选择类型，为选定的图形或图表配置标尺。也可使用活动 X 标尺和活动 Y 标尺属性，通过编程配置标尺。

名称：标尺标签。

显示标尺标签：显示或隐藏标尺标签。

显示标尺：显示或隐藏标尺。

对数：对数刻度映射。未勾选该复选框以线性映射刻度。

反转：倒置标尺上的最小值和最大值的位置。

扩展数字总线：将数据波形显示为独立的数据线。取消勾选复选框，从而以总线形式显示数据。只有数字波形图的 Y 标尺才可使用该复选框。

自动调整标尺：自动调节标尺以表示连线至图形或图表的数据。也可使用标尺调节属性，通过编程配置自动调整标尺。当自动调整图形或图表的坐标轴时，并不包含对隐藏曲线的调整。如需在自动调整时包含隐藏曲线，可将隐藏曲线设置为透明。右键单击曲线图例，在快捷菜单选择颜色，可更改曲线的颜色。未勾选时，可以使用最小值与最大值来设置标尺范围。

缩放因子：通过该值规定标尺的刻度，便于显示刻度。例如：如需使标尺从某个参考时间开始以 ms 为单位显示，可设置偏移量为参考时间，设置缩放系数为 0.001。如修改偏移量，则标尺原点不为 0。也可使用偏移量与缩放系数属性，通过编程设置偏移量和缩放系数。

偏移量：曲线原点的值。

刻度样式与颜色：标尺刻度的样式和颜色。主刻度标记与刻度标签对应，而辅刻度标记表示主刻度之间的内部点。该菜单也允许为指定的坐标轴选择标签，无论坐标轴是否显示。标记文本则用来标尺标记文本的颜色。

网格样式与颜色：仅允许在主刻度标记位置无格线或在主辅刻度标记的格线之间进行选择。也可以改变标尺上网格的颜色。

忽略 X 轴上的波形时间标识：LabVIEW 设置 X 标尺的起点为 0，而非指定的 t_0 的值。取消勾选复选框，从而将 X 标尺中的动态或波形数据的时间标识信息包括进来。该复选框仅对显示动态或波形数据的图形或图表有效。

6.3.2　标尺图例

标尺图例允许为 X 和 Y 刻度创建标签（或为多个 X、Y 刻度，如果具有多个的话），可以很容易地从弹出菜单访问其配置。标尺图例可以缩放 X 或 Y 轴比例，改变显示方式和自动刻度。

在图表或图形上弹出菜单并选择**显示项→标尺图例**将显示标尺图例，如图 6-13 所示。

图 6-13　标尺图例按钮的弹出菜单选项

在标尺图例中，可在文本框中输入想要的刻度名称。该文本将显示在图表或图形的 X 或 Y 轴上。

可以单击按钮，在 X\Y 标尺属性弹出窗口中配置同样的选项。对某些用户来说这是更简便的访问信息方法。

使用定位工具在标尺锁定按钮上单击，为每一个标尺打开或关闭自动调整标尺、显示标尺等。

6.3.3　图例

如果不进行定制，图表和图形使用默认样式绘制曲线，如图 6-14 所示。图例允许创建标签，选择颜色、线型，以及为每条曲线选择数据点的样式。在图表或图形的弹出菜单中使用**显示项→图例选项**来显示或隐藏图例，也可以在图例中为每条曲线命名。

选择图例时，图例框中仅显示一条曲线。可以使用定位工

图 6-14　图例

具向下拖拽图例的一角以便显示更多的曲线，如图 6-15 所示。在图例中设置曲线的特性后，无论是否显示图例曲线都将保留这些设置。如果图表或图形接收的曲线多于图例中所定义的数量时，LabVIEW 用默认的样式绘制额外的曲线。

当移动图表或图形本身时，图例随之一起移动。将图例拖动到一个新的位置，可以改变图例与图形的相对位置。改变图例窗口左边的大小以增大标签空间，或改变图例窗口右边的大小以增大曲线样本空间。

默认情况下，每条曲线标签为一个从 0 开始的数字。可以使用标签工具来修改标签。每条曲线样本都有自己的编辑菜单，可以用来改变曲线、线型、颜色以及曲线上数据点的样式。也可以使用操作工具在图例上单击来访问该菜单。

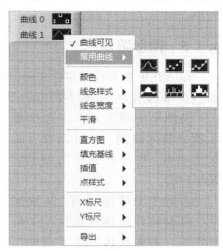

图 6-15　图例编辑菜单

6.3.4　图形工具选板

图形工具选板是一个包含一些图形操作工具按钮的小框，如允许全部显示（也就是说滚动显示区域）工具、使用选项卡按钮聚焦指定区域（称为缩放）和周围移动的游标。从图表或图形的显示项子菜单中选择图形工具选板，如图 6-16 所示。

图 6-16　图形工具选板

3 个按钮用来控制图形的操作模式。通常情况下，处于标准模式，这意味着可以用图形游标单击并在周围移动。如果按下全景按钮，将会弹出菜单，可以从此菜单中选择多种缩放模式（通过放大指定部分来聚焦图形的特定区域）。

左边的按钮用来移动图形上的游标，中间的按钮用来进行缩放，右边的按钮可以通过拖拽将鼠标移至图表或图形的不可见区域。

图 6-17 介绍了缩放选项的功能。

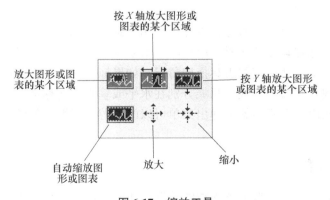

图 6-17　缩放工具

放大：放大时按下〈Shift〉键，视图将恢复。释放〈Shift〉键，视图重新放大。

缩小：缩小时按下〈Shift〉键，视图将恢复。释放〈Shift〉键，视图重新缩小。

6.3.5 图形游标

LabVIEW 图形使用游标来标记曲线上的数据点，以便使我们的工作栩栩如生。如图 6-18 所示为一个带有游标的图形图片，其中显示了图形标签。

从图形的弹出菜单中选择**显示项→游标**图例，就可以查看游标选项卡。游标图例首次显示时是空白的。

右键单击游标图例，从快捷菜单选择创建游标并选择一个游标模式。游标模式定义了游标位置。游标包含下列模式：

自由：不论曲线的位置，游标可在整个绘图区域内自由移动。

单曲线：仅将游标置于与其关联的曲线上。游标可在曲线上移动。右键单击游标图例，从快捷菜单中选择关联至，游标可与一个或所有曲线实现关联。

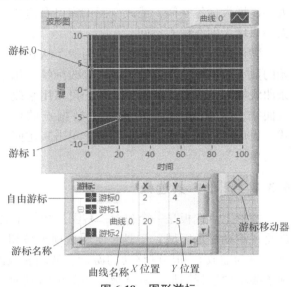

图 6-18　图形游标

多曲线：将游标置于绘图区域内的特定数据点上。多曲线游标可显示与游标相关的所有曲线在指定 x 值处的值。游标可置于绘图区域内的任意曲线上。右键单击游标图例，从快捷菜单中选择关联至，游标可与一个或所有曲线实现关联。该模式只对混合信号图形有效。

注：创建游标模式后无法对其进行修改，如需修改，只能删除游标并创建另一游标。

一个图形可以拥有多个游标，游标图例用于跟踪游标，并且可以缩放以显示多种游标。单击游标移动器按钮时，所有的活动游标都会移动。也可以使用属性节点编程控制游标移动。使用定位工具拖拽游标。如果拖拽交叉点，可以把游标向任何方向移动。拖拽水平或垂直线，只能分别在水平或垂直方向移动。

在游标图例内的游标标签上弹出菜单可以改变游标属性，如游标样式、数据样式和颜色。

6.3.6 图形注释

图形注释对于加亮图形上感兴趣的数据点非常有用。注释就像是用来描述数据特征的标签箭头，如图 6-19 所示。

使用鼠标可以交互式创建修改注释，也可以使用属性节点编程实现。当 VI 处

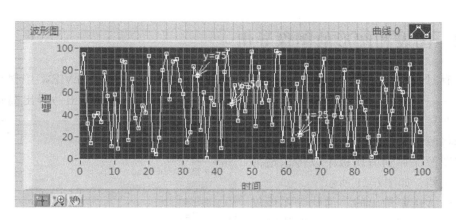

图 6-19　图形注释

于运行模式时，可从图形的弹出菜单中选择
创建注释。打开创建注释对话框，用来定义
新的注释名称及一些基本属性，如图 6-20
所示。

　　注释由 3 部分组成：标签、箭头和游标。
在注释游标上的弹出菜单中提供了注释属性
的编辑选项以及删除注释选项。

　　单击注释游标，可以拖拽到一个新的位
置，改变注释标签与游标的相对位置。移动
时，箭头将总是从注释名称指向注释游标。
也可以移动注释游标，这取决于锁定名称属
性的设置。

图 6-20　创建注释对话框

　　注释名称：指定注释名称。默认状态下，注释名称将显示在绘图区中。右键单
击注释并取消选择**属性**→**显示名称**可隐藏注释名称。

　　锁定风格：设置注释关联至曲线和注释在绘图区域内移动的方式。锁定风格包
括下列选项：

　　自由：可在曲线或绘图区域内自由移动注释。注释未关联至绘图区域内的
曲线。

　　关联至所有曲线：可使注释移至曲线或绘图区域内任意曲线上最近的数
据点。

　　关联至一条曲线：仅可在指定曲线上移动注释。如图中有多条曲线，可通过锁
定的曲线指定关联到相应注释的曲线。

　　锁定曲线：设置锁定风格为关联至一条曲线时，指定关联至相应注释的
曲线。

　　隐藏箭头：隐藏从"注释名称"指向注释数据点的箭头。

　　锁定名称：固定注释名称的绝对位置，使得移动注释或滚动绘图区域时，注释
名称不在绘图区域内移动。

6.4　图表和图形的图像导出

有时候需要将图表或图形的图像用于报告或说明书,这在 LabVIEW 中很容易实现——仅需要在图表或图形上单击右键并从快捷菜单中选择**导出→导出简化图像**。在导出简化图像对话框中,可以选择将图像保存到硬盘上的文件格式,或将图像保存到剪切板中以传送给另一个文档,如图 6-21 所示。

LabVIEW 输出的"简化"图像仅包括绘图区域、数字显示、曲线图例和索引显示,但不包含滚动条、刻度图例、图形选项卡或游标选项卡。通过设置导出简化图像对话框中的隐藏网格复选框还可以选择是否包含格线。

图 6-21　导出简化图像对话框

6.5　小结

使用 LabVIEW 的图表和图形可以创建令人振奋的可视化数据显示。图表可以将新数据追加到旧数据上,每次交互式地绘制一个数据点(或一组数据点),所以可以在图表中同时看到新旧数据值。图形在数据产生后才显示整个数据块。波形是我们学习的一种新的数据类型,在图表和图形中都可以使用。

波形图仅绘制独立变量均匀分布的单值数据点,如时变波形。换言之,图形基于时间坐标绘制 Y 数组。

可以使用图例、标尺图例、图形工具选板来配置图表或图形的外观,也可以改变刻度来适应数据以及引入游标来注释曲线。

习　　题

6-1　参照图 6-22 构建 VI,生成一初始值为 30,$\Delta x = 2$ 的余弦曲线。

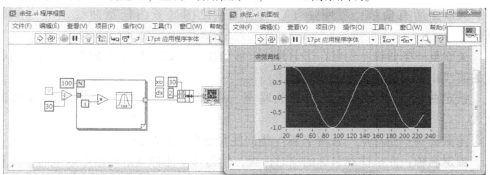

图 6-22　余弦曲线

6-2　参照图 6-23 构建 VI，随机生成两个不同幅值的正弦波，后面板的颜色设置为蓝色，将函数的 Y 值显示在数组中，并将图形显示在同一图形中。

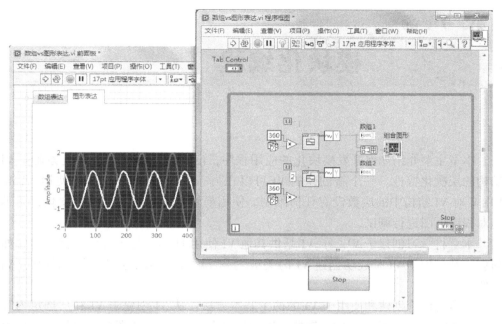

图 6-23　不同幅值正弦波

第 7 章

模块化编程

本章主要介绍如何开发模块化的应用程序，LabVIEW 的一个显著优势在于 VI 结构的层次化特性。一个新创建的 VI 可以在另一个 VI 的程序框图中使用。Lab-VIEW 对 VI 结构中的层数没有任何限制。使用模块化编程有利于管理变化，并迅速对程序框图进行调试。

本章将学习创建子 VI。子 VI 是供其他 VI 使用的 VI，与子程序类似。理解如何创建和使用子 VI 是成功创建 VI 的关键之一。虚拟仪器的分层设计取决于子 VI 的使用。

本章将讨论创建和使用子 VI 的两个基本方法：从 VI 创建子 VI 和从选定内容创建子 VI。本章介绍的图标编辑器，用于创建个性化的子 VI 图标，以便从图标上直接观察到与子 VI 功能相关的一些信息。编辑器与常用画图程序类似的工具。本章还介绍层次窗口，层次窗口是管理程序分层特性的重要工具。

7.1　什么是模块化

模块化定义了一个程序所能包含的不同模块的范围，从而将一个模块的改变对其他模块造成的影响控制在最小范围之内。LabVIEW 中的模块称为子 VI。

子 VI 是层次化和模块化 VI 的关键组件，它能使 VI 易于调试和管理。子 VI 是由其他 VI 调用的独立 VI，即子 VI 用在顶层 VI 程序框图中。子 VI 类似于文本编辑语言如 C 语言和 Fortran 语言中的子程序，而子 VI 节点则类似于子程序的调用语句。图 7-1 所示的程序框图与下面的程序代码展示了子 VI 和子程序的相似性。在 VI 中可以使用的子 VI 数目不受限制。使用子 VI 是一种有效的编程技术，因为它允许在不同的场合重复使用相同的代码。G 语言的分层特性就是在一个子 VI 内能够调用另外一个子 VI。了解虚拟仪器的分层特性非常重要。

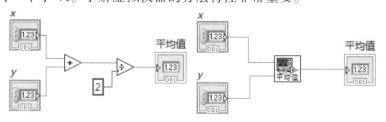

图 7-1　求平均值程序框图

相当于主程序：

Main {Average (x , y , AverageValue) }

子程序：

Average (int x , int y , z) { $z = (x + y)/2$; }

子 VI 可以从 VI 创建，或者从选定的内容中创建（选择现有的 VI 组件并将其放入子 VI 中）。当从现有的 VI 中创建新的子 VI 时，首先定义子 VI 的输入、输出，然后正确地"连接"子 VI 连线板。这允许调用 VI 来传递数据到子 VI 并从子 VI 接收数据。另一方面，如果现有的复杂程序框图上有许多的图标，可以选择一组相关的函数和图标放入低层 VI（进入子 VI），从而保持总体程序框图的简洁明了。这就是在程序开发过程中使用模块化方法的用意所在。

7.2 编辑图标和连线板

在调用 VI 的程序框图中，用图标表示子 VI。子 VI 还必须有一个正确连接接线端的连线板，用于和顶层 VI 交换数据。

7.2.1 图标

每个 VI 都有一个默认图标，显示在前面板和程序框图的右上角。默认图标是一个 LabVIEW 徽标和一个数字构成的图片，该数字指出自从 LabVIEW 启动后已打开新 VI 的数量。使用图标编辑器可以编辑该图标。为了激活编辑器，在前面板或程序框图的默认图标上弹出快捷菜单并选择编辑图标；或者通过双击默认图标打开图标编辑器。图标编辑器对话框如图 7-2 所示。

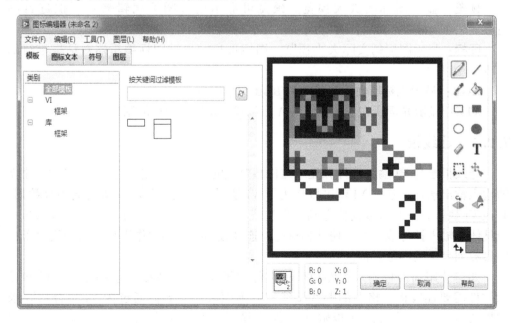

图 7-2　图标编辑器对话框

使用对话框右侧选项板上的工具，在像素编辑区创建图标图案。图标的图像（以实际大小）显示于编辑区。选项板中的工具可以完成许多功能，和画图程序类似。图标编辑器对话框可显示 24 位彩色图标。但是，LabVIEW 仅在程序框图上显示 8 位彩色图标。因此，在该对话框中创建的图标可能与程序框图上显示的图标略有不同。

该对话框包括以下部分：

模板：显示作为图标背景的图标模板。显示 LabVIEW Data \ Icon Templates 目录中所有的 . png、. bmp 和 . jpg 文件。列出可选的图标模板类别。类别名称对应于 LabVIEW Data \ Icon Templates 目录中子文件夹的名称。**全部模板**类别始终可见，包括 LabVIEW Data \ Icon Templates 目录中所有的图标选板。可显示所有名称包含关键词的图标模板。

图标文本：指定在图标中显示的文本。可以设置字体、颜色、对齐方式、字体大小、文本垂直居中和大写文本。

符号：显示图标中可包含的符号。**图标编辑器**对话框可显示 LabVIEW Data \ Glyphs 中所有的 . png、. bmp 和 . jpg 文件。默认情况下，该页包含 ni. com 上图标库中所有的符号。选择**工具→同步 ni. com 图标库**，打开同步图标库对话框，将 Lab-VIEW Data \ Glyphs 目录与最新的图标库保持同步。

图层：显示和编辑图标图层的所有图层。如未显示该页，选择**图层→显示所有图层**可显示该页。显示**图标文本**图层的预览、名称、透明度和可见。该图层包含**图标编辑器**对话框**模板**页中所有输入的文本。只能更改图层的透明度和可见。显示所有用户图层的预览、名称、透明度和可见。单击**图层**页相关的预览，或使用移动工具在**图标编辑器**的**预览**区域选择图层，都可选择用户图层。

预览：显示图标的放大预览。**预览**可显示通过**图标编辑器**对话框进行的更改。

图标：显示图标的实际大小预览。**图标**可显示通过**图标编辑器**对话框进行的更改。

RGB：显示光标所在位置像素的 RGB 颜色组成。

XYZ：显示光标所在位置像素的 X-Y 位置。Z 值为图标的用户图层总数。

7.2.2 连线板

连线板是与 VI 输入控件和显示控件相对应的一组接线端。连线板是为 VI 建立的输入输出接口，这样 VI 就可以作为子 VI 使用。连线板从输入接线端接收数据，并在 VI 执行完成时将数据传送到输出接线端。在前面板上，每一个接线端都与一个具体的输入控件或者显示控件相对应。连线板的接线端的作用与函数调用时子程序参数列表中的参数类似。

如何使用前面板输入控件和显示控件与子 VI 交换数据，这些输入控件和显示控件需要连线板窗格上的哪些接线端。下面来讨论如何通过为 VI 选择所要求的接线端数量，并将前面板输入控件或显示控件指定给这些接线端来定义连线板。

> 📖 **注意**
>
> 只能从前面板查看和编辑连线板窗格。

1. 选择模式

默认情况下，LabVIEW 根据前面板上的输入控件和显示控件的数目显示接线端模式。连线板上的每一个窗格表示一个接线端，输入接线端在连线板窗格左侧，而显示接线端在右侧。当然，也可以为自己的 VI 选择不同的接线端模式，如图 7-3 所示。

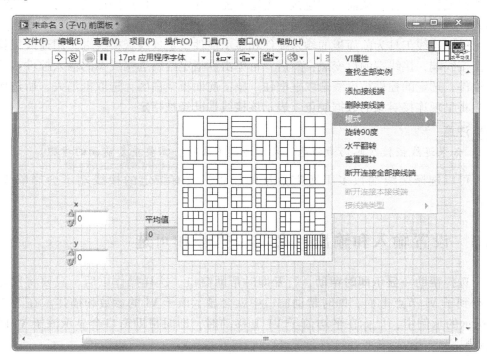

图 7-3 选择接线端模式

为了选择 VI 的不同接线端模板，右键单击连线板上的快捷菜单中选择模式。要改变模式，在选项上单击所希望的模式。如果选择了新模式，原来连线板窗格上指定给接线端的任何输入控件和显示控件将丢失，必须重新指定。

> 📖 **注意**
>
> 子 VI 最多可以用的接线端数为 28 个。

2. 修改接线端模式

可以用连线板的快捷菜单改变连线板接线端的排列方式：水平翻转、垂直翻转或旋转 90°。同样可以从快捷菜单选择相应的命令给模式添加接线端或删除接线端。

如果考虑在以后还要加入输入或输出接线端，那么就应该选择带额外接线端的连线板模式。这样，以后添加其他输入或输出接线端时，就不需要修改连线板窗格，这种操作的灵活性使得子 VI 的修改对分层次结构带来最低限度的影响。

另外，如果创建一组经常一起使用的子 VI，应该为这些子 VI 指定与公共输入一致的连线板窗格。这样，在不需要使用即时帮助的情况下，就能很容易记住每个输入的位置，从而节省时间。如果创建的子 VI 具有输出，而且该输出用作另一个子 VI 的输入，则应设法使输入和输出端对齐，这样可以简化连线模式，使程序的调试和维护更容易。

3. 给输入控件和显示控件指定接线端

选择连线板模式以后，必须通过为连线板的每一个接线端指定一个前面板的输入控件或显示控件，从而确定连接。把输入控件和显示控件连到连线板时，可以将输入放置在左边，输出放置在右边，会使连线简化。

使用连线工具为前面板的输入控件和显示控件指定连线板接线端。用连线工具单击接线端，接线端颜色变黑；然后，再单击欲指定给所选接线端的输入控件或显示控件，选定的控件被虚线选取框框住。单击前面板空白区，选取框消失，所选接线端将呈现连接对象的数据颜色，表示该接线端已经被指定。

> **注意**
>
> 如果连线板接线端仍为白色，表示连接不成功，需要重复前面的步骤。

可以选择接线端数多于所需数量的模板，没有指定的接线端不会影响 VI 工作。

7.3 设置输入和输出：必需、推荐和可选

选择**帮助→显示即时帮助**，打开即时帮助窗口。这样操作以后，只要将鼠标移动到子 VI 节点上面，即时帮助窗口中就会显示该子 VI 的参数和描述。在图 7-4 所示的示例中，鼠标在平均值子 VI 上移动时，即时帮助窗口会显示该子 VI 的信息。

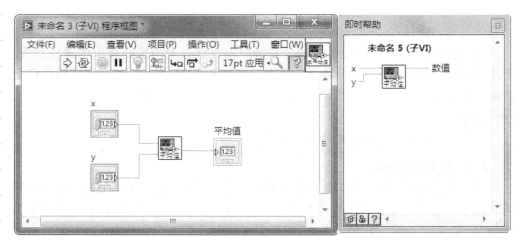

图 7-4　即时帮助显示子 VI 的信息

LabVIEW 会自动检测没有连接好的必需连接的输入，该特性可以防止用户忘

记对子 VI 的接线端连线——在连线板窗格中分别指示连接类型为必需、推荐和可选，在即时帮助窗口中也有相同的指示。在即时帮助窗口中，必需的接线端的标签为粗体，推荐的接线端的标签为纯文本，而可选的接线端的标签为灰色。如果单击即时帮助窗口中的隐藏可选接线端和完整路径按钮，可选按钮的标签将不会出现。

要观察接线端类型或设置接线端类型为必需、推荐或可选，在 VI 前面板上连线板窗格上右键单击接线端并选择接线端类型，如图 7-5 所示。一个检查标记指出当前状态。默认情况下，系统将用户在 VI 中创建的输入、输出设置为推荐类型。

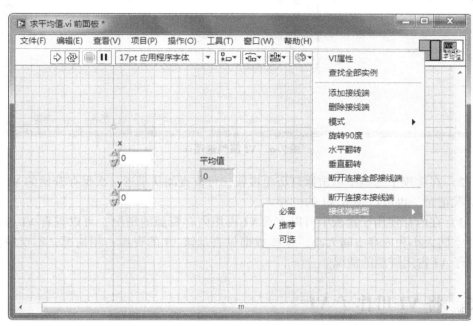

图 7-5　接线端类型

通过将一个输入归类于必需的连接类型，可自动地检测是否已正确地连接该输入。假设未正确连接，将阻止 VI 运行。当设置接线端类型为推荐时，即使接线端未连接，VI 也可以运行，但错误列表窗口将列出警告信息。在即时帮助窗口中。当设置接线端类型为可选的 VI 不需要连接可选接线端就可以运行。

7.4　编写代码文档

相当于注释，通过在 VI 属性对子 VI 注释。编制文档很重要，可以使 VI 易于理解和维护。LabVIEW 可以为整个 VI 编制文档，方法很简单，通过选择**文件→VI 属性**，选择说明信息可对 VI 编制文档，这时会出现如图 7-6 所示的对话框。

可以使用 VI 属性对话框来完成以下功能：

1）在说明信息子选板中输入 VI 的信息，当在程序框图中把光标置于带 VI 的图标时，即时帮助窗口会显示说明信息。还可以选择输入帮助标识符和帮助路径指向外部帮助文件。

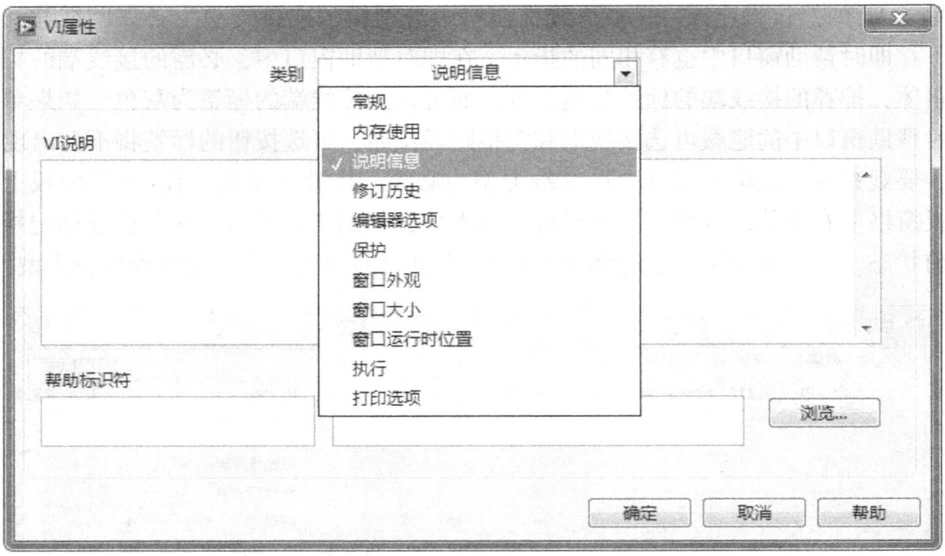

图 7-6 VI 属性选项卡

2）在常规子选板中单击修订历史按钮，可以查阅从最近一次保存开始的 VI 改动情况记录。也可以查看 VI 的位置。

3）在内存使用子选板中可以查看 VI 占用内存资源的情况，可以查看 VI 占用硬盘空间大小和内存空间大小，这些数据只表示该 VI 的资源占用情况，不反映其调用子 VI 占用资源的情况。

7.5 将 VI 用作子 VI

有两种基本方法可以创建和使用子 VI：由 VI 创建子 VI 和由选定内容创建子 VI。

如需将子 VI 放置在程序框图中，可以单击函数选板上的选择 VI 按钮。找到需要作为子 VI 使用的 VI，双击该 VI 将它放置在程序框图中。

在一个 VI 的程序框图中也可以放置另一个已打开的 VI。如需将一个 VI 用作子 VI，可以用定位工具单击该 VI 前面板或程序框图右上角的图标，并将它拖到另一个 VI 的程序框图中。

一个 VI 不能直接调用自己，即把自身作为自己的一个子 VI。如果确实需要这么做，可以使用 VI 引用来间接调用。

7.6 从选定内容创建子 VI

由选定内容创建子 VI 就是选择主 VI 的组件将其组合为子 VI。

使用定位工具选择 VI 中要转换成子 VI 的那部分代码，然后从编辑菜单选择创建子 VI，这时选定的内容将自动转化成子 VI，整个代码段也将用默认图标代替，系统自动创建新子 VI 的输入控件和显示控件并将其连接到现有的连线上。使用此方法创建子 VI 能够让用户将程序框图模块化，从而创建层次化结构。

7.7　保存子 VI

　　LabVIEW 提供了很多种保存 VI 的方法，建议将所创建的子 VI 保存在目录下，而不是保存在库文件中。将 VI 保存为单个文件是最有效的存储方式，因为这样在复制、重新命名和删除文件时比使用 VI 库要容易。与其他目录一样，VI 库可以装入、保存和打开，但不是分层的。不能在 VI 库内创建另一个 VI 库，也不能在 VI 库内创建新目录。VI 库文件创建后，当出现在文件对话框中时，其图标将与 VI 文件图标略有不同。

7.8　VI 层次结构

　　创建应用程序时，用户通常从顶层 VI 开始，为应用程序定义输入输出。然后构建子 VI，完成对数据流的必要操作。如果程序框图很复杂，可以通过将有关函数和节点组织到子 VI 来简化程序框图。使用模块化的程序开发易于理解、调试和维护的代码。

　　VI 层次结构窗口以图形方式显示了内存中所有 VI 的层次结构，展示了顶层 VI 和子 VI 的依赖关系，如图 7-7 所示。

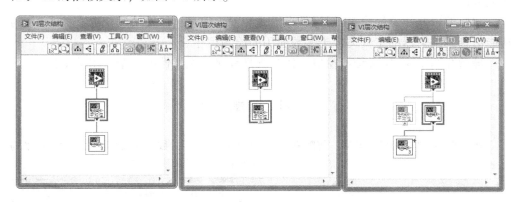

图 7-7　VI 层次结构窗口

1. 访问层次结构的方法

1）**查看→VI 层次结构**来打开 VI 层次结构窗口，在该窗口内，当前活动窗口图标带红色的粗边框。

2）子 VI 上弹出快捷菜单中选择"显示 VI 层次结构"。

2. 箭头按钮和节点旁边的箭头信息

1）指向节点的红色箭头表示隐藏了部分或全部的子 VI，单击显示隐藏的子 VI。

2）指向子 VI 节点的黑色箭头表示显示所有直接调用的子 VI。

3）指向节点调用者的蓝色箭头，表示节点在该层 VI 存在另外的调用者，但是目前没有显示。

4）如果显示了所有的子 VI，蓝色箭头将消失。如果节点没有子 VI，则不显示红色或黑色箭头。

如果 VI 层次结构窗口已经打开，可以在 Windows 窗口菜单下的打开窗口列表中选择"VI 层次结构"，将其显示到最上面。

3. 在 VI 层次结构上打开 VI 的方法

在 VI 图标上双击则打开节点的前面板。也可以在节点的弹出快捷菜单中选择打开前面板。

4. 搜索指定 VI 的方法

在节点的弹出快捷菜单中选择查找全部实例，可以通过键入关键字和选取范围来搜索对象和文本。

7.9 小结

子 VI 是模块化程序的主要组件，能够使程序易于调试、理解和维护。类似于文本语言的子程序。所有的子 VI 都必须有图标和连线板，为了防止连线错误，可以使用帮助并将子 VI 的输入设置为必须、推荐或可选。

创建子 VI 有两种方法：由 VI 创建子 VI 和由选定内容创建子 VI。在调用 VI 的程序框图中以图标表示，它必须具有与接线端正确相连的连线板，以便同调用 VI 交换数据。

图标编辑器能够使子 VI 图标具有描述和提示信息，以便快速获取有关子 VI 的功能信息。编辑器的工具类似于多数通用的绘图程序。

最后介绍了 VI 层次结构窗口，作为管理程序层次特性的一个有用的工具。

习　　题

7-1　参照图 7-8 创建一子 VI，将随机生成 3 个 0~10 之间的数，求其平均值，然后用平均

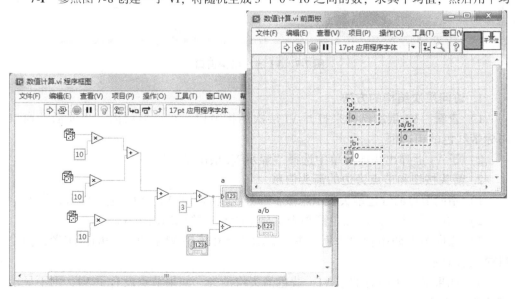

图 7-8　数值计算子 VI

值除以任意一常数，同时输出平均值及商，并将求平均值部分做成子 VI。

7-2 参照图 7-9 创建 VI，利用练习 7-1 中的 VI 作为子 VI 用于生成一曲线。

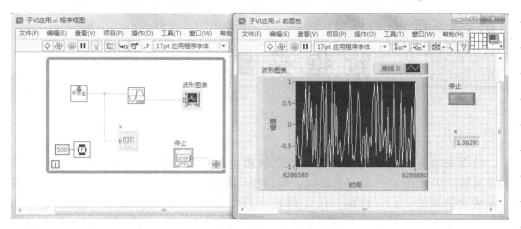

图 7-9 引用子 VI 生成曲线图

第 8 章 数据采集

数据采集（DAQ）是计算机与外部物理世界连接的桥梁。各种类型信号采集的难易程度差别很大。实际采集时，噪声也可能带来一些麻烦。通常，一块板卡可以完成多种功能，A/D 转换，D/A 转换，数字量输入/输出，以及计数器/定时器操作等。用户在使用之前必须对 DAQ 卡的硬件进行配置。数据采集的控制程序用到了许多低层的 DAQ 驱动程序。

本章主要介绍数据采集的基础知识，使用 DAQ 进行数据采集和信号生成的重要理论。熟悉这些概念有助于理解位于计算机外围的测量系统的各个部分。在学习过程中可以了解到信号源、信号调理、测量系统的接地以及提高测量和采集质量的方法。

8.1 信号

数据采集前，必须对所采集信号的特性有所了解，因为不同信号的测量方式和对采集系统的要求是不同的，只有了解被测信号，才能选择合适的测量方式和采集系统配置。

8.1.1 信号类型

任意一个信号都是随时间而改变的物理量。一般情况下，信号所运载的信息是很广泛的，比如：状态、速率、电平、形状、频率成分。根据信号运载信息方式的不同，可以将信号分为数字信号和模拟信号。数字信号分为开关信号和脉冲信号。模拟信号可分为直流、时域、频域信号，如图 8-1 所示。

1. 数字信号

第一类数字信号是开关信号。一个开关信号运载的信息与信号的瞬间状态有关。TTL 信号就是一个开关信号，一个 TTL 信号如果在 2.0 ~ 5.0V 之间，就定义它为逻辑高电平，如果在 0 ~ 0.8V 之间，就定义为逻辑低电平。

第二类数字信号是脉冲信号。这种信号包

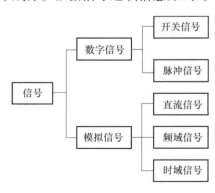

图 8-1　信号分类

括一系列的状态转换，信息就包含在状态转化发生的数目、转换速率、一个转换间隔或多个转换间隔的时间里。安装在电机轴上的光学编码器的输出就是脉冲信号。有些装置需要数字输入，比如一个步进电机就需要一系列的数字脉冲作为输入来控制位置和速度。

2. 模拟直流信号

模拟直流信号是静止的或变化非常缓慢的模拟信号。直流信号最重要的信息是它在给定区间内运载的信息的幅度。常见的直流信号有温度、流速、压力、应变等。采集系统在采集模拟直流信号时，需要有足够的精度以正确测量信号电平，由于直流信号变化缓慢，用软件计时就够了，不需要使用硬件计时。

3. 模拟时域信号

模拟时域信号与其他信号的不同在于，它在运载信息时不仅有信号的电平，还有电平随时间的变化。在测量一个时域信号时，也可以说是一个波形，需要关注一些有关波形形状的特性，比如斜度、峰值等。为了测量一个时域信号，必须有一个精确的时间序列，序列的时间间隔也应该合适，以保证信号的有用部分被采集到。要以一定的速率进行测量，这个测量速率要能跟上波形的变化。用于测量时域信号的采集系统包括一个 A/D、一个采样时钟和一个触发器。A/D 的分辨率要足够高，保证采集数据的精度，带宽要足够高，用于高速率采样；精确的采样时钟，用于以精确的时间间隔采样；触发器使测量在恰当的时间开始。存在许多不同的时域信号，比如心脏跳动信号、视频信号等，测量它们通常是因为对波形的某些特性感兴趣。

4. 模拟频域信号

模拟频域信号与时域信号类似，然而，从频域信号中提取的信息是基于信号的频域内容，而不是波形的形状，也不是随时间变化的特性。用于测量一个频域信号的系统必须有一个 A/D、一个简单时钟和一个用于精确捕捉波形的触发器。系统必须有必要的分析功能，用于从信号中提取频域信息。为了实现这样的数字信号处理，可以使用应用软件或特殊的 DSP 硬件来迅速而有效地分析信号。模拟频域信号也很多，比如声音信号、地球物理信号、传输信号等。

上述信号分类不是互相排斥的。一个特定的信号可能运载有不止一种信息，可以用几种方式来定义信号并测量它，用不同类型的系统来测量同一个信号，从信号中取出需要的各种信息。

8.1.2　信号源

1. 接地信号

接地信号，就是将信号的一端与系统地连接起来，如大地或建筑物的地。因为信号用的是系统地，所以与数据采集卡是共地的。接地最常见的例子是通过墙上的接地引出线，如信号发生器和电源。

2. 浮动信号

一个不与任何地（如大地或建筑物的地）连接的电压信号称为浮动信号，浮动信号的每个端口都与系统地独立。一些常见的浮动信号的例子有电池、热电偶、变压器和隔离放大器等。

8.1.3 测量系统

1. 差分测量系统（Diff）

差分测量系统中，信号输入端分别与一个模拟输入通道相连接。具有放大器的数据采集卡可配置成差分测量系统。图 8-2 描述了一个 8 通道的差分测量系统，用一个放大器通过模拟多路转换器进行通道间的转换。标有 AIGND（模拟输入地）的引脚就是测量系统的地。

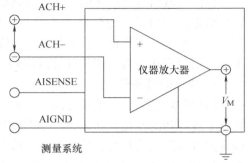

图 8-2　差分测量系统

一个理想的差分测量系统仅能测出（＋）和（－）输入端口之间的电位差，不会测量到共模电压。然而，实际应用的板卡却限制了差分测量系统抵抗共模电压的能力，数据采集卡共模电压的范围限制了相对于测量系统地的输入电压波动范围。共模电压的范围关系到一个数据采集卡的性能，可以用不同的方式来消除共模电压的影响。如果系统共模电压超过允许范围，需要限制信号地与数据采集卡的地之间的浮地电压，以避免测量数据错误。

2. 参考地单端测量系统（RSE）

一个 RSE 测量系统，也叫作接地测量系统，被测信号一端接模拟输入通道，另一端接系统地 AIGND。图 8-3 描绘了一个 16 通道的 RSE 测量系统。

3. 无参考地单端测量系统（NRSE）

在 NRSE 测量系统中，信号的一端接模拟输入通道，另一端接一个公用参考端，但这个参考端电压相对于测量系统的地来说是不断变化的。图 8-4 所示为一个 NRSE 测量系统，其中 AISENSE 是测量的公共参考端，AIGND 是系统的地。

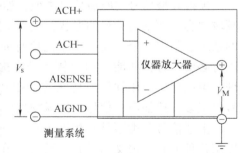

图 8-3　参考地单端测量系统

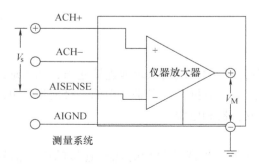

图 8-4　无参考地单端测量系统

8.1.4　选择合适的测量系统

模拟输入信号的采集使用的是接地信号源和浮动信号源。测量系统可以分为差分、参考地单端、无参考地单端三种类型。

两种信号源和三种测量系统一共可以组成六种连接方式（见表 8-1）。

表 8-1　连接方式

	接地信号	浮动信号
Diff	★	★
RSE		★★
NRSE	★	★

其中，不带★号的方式不推荐使用。一般来说，浮动信号和差动连接方式可能较好，但实际测量时还要看情况而定。

1. 测量接地信号

测量接地信号最好采用差分或 NRSE 测量系统。如果采用 RSE 测量系统时，将会给测量结果带来较大的误差。图 8-5 所示为用一个 RSE 测量系统去测量一个接地信号源的弊端。在本例中，测量电压 V_m 是测量信号电压 V_s 和电位差 DV_g 之和，其中 DV_g 是信号地和测量地之间的电位差，这个电位差来自于接地回路电阻，可能会造成数据错误。一个接地回路通常会在测量数据中引入频率为电源频率的交流和偏置直流干扰。一种避免接地回路形成的办法就是在测量信号前使用隔离方法，测量隔离之后的信号。

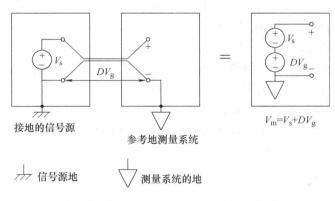

图 8-5　RSE 测量系统引入接地回路电压

如果信号电压很高并且信号源和数据采集卡之间的连接阻抗很小，也可以采用 RSE 系统，因为此时接地回路电压相对于信号电压来说很小，信号源电压的测量值受接地回路的影响可以忽略。

2. 测量浮动信号

可以用差分、RSE、NRSE 方式测量浮动信号。在差分测量系统中，应该保证相对于测量地的信号的共模电压在测量系统设备允许的范围之内。如果采用差分或 NRSE 测量系统，放大器输入偏置电流会导致浮动信号电压偏离数据采集卡的有效范围。为了稳住信号电压，需要在每个测量端与测量地之间连接偏置电阻，如图 8-6 所示。这样就为放大器输入到放大器的地提供了一个直流通路。这些偏置电阻的阻值应该足够大，这样使得信号源可以相对于测量地浮动。对低阻抗信号源来说，$10 \sim 100\text{k}\Omega$ 的电阻比较合适。

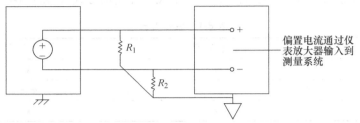

偏置电阻 ($10\text{k}\Omega < R < 100\text{k}\Omega$) 为仪表放大器偏置电流提供了反馈回路，其中当信号源为直流信号时，R_2 是必需的，而当信号源为交流信号时 $R_1 = R_2$

图 8-6　增加偏置电阻

如果输入信号是直流，就只需要用一个电阻将（–）端与测量系统的地连接起来。然而如果信号源的阻抗相对较高，从免除干扰的角度而言，这种连接方式会导致系统不平衡。在信号源的阻抗足够高的时候，应该选取两个等值电阻，一个连接信号高电平（+）到地，一个连接信号低电平（–）到地。如果输入信号是交流，就需要两个偏置电阻，以达到放大器的直流偏置通路的要求。

总的来说，不论测接地还是浮动信号，差分测量系统是很好的选择，因为它不但避免了接地回路干扰，还避免了环境干扰。相反的，RSE 系统却允许两种干扰的存在，在所有输入信号都满足以下指标时，可以采用 RSE 测量方式：输入信号是高电平（一般要超过 1V）；连线比较短（一般小于 5m）并且环境干扰很小或屏蔽良好；所有输入信号都与信号源共地。当有一项不满足要求时，就要考虑使用差分测量方式。

另外需要明确信号源的阻抗。电池、RTD、应变片、热电偶等信号源的阻抗很小，可以将这些信号源直接连接到数据采集卡上或信号调理硬件上。直接将高阻抗的信号源接到插入式板卡上会导致出错。为了更好地测量，输入信号源的阻抗与插入式数据采集卡的阻抗相匹配。

8.1.5　信号调理

从传感器得到的信号大多要经过调理才能进入数据采集设备，信号调理功能包括放大、隔离、滤波、激励、线性化等。由于不同传感器有不同的特性，因此，除了这些通用功能，还要根据具体传感器的特性和要求来设计特殊的信号调理功能。下面仅介绍信号调理的通用功能。

1. 放大

微弱信号都要进行放大以提高分辨率和降低噪声，使调理后信号的电压范围和 A/D 的电压范围相匹配。信号调理模块应尽可能靠近信号源或传感器，使得信号在受到传输信号的环境噪声影响之前已被放大，使信噪比得到改善。

2. 隔离

隔离是指使用变压器、光或电容耦合等方法在被测系统和测试系统之间传递信号，避免直接的电连接。使用隔离的原因由两个：一是从安全的角度考虑；另一个原因是隔离可使从数据采集卡读出来的数据不受地电位和输入模式的影响。如果数据采集卡的地与信号地之间有电位差，而又不进行隔离，那么就有可能形成接地回路，引起误差。

3. 滤波

滤波的目的是从所测量的信号中除去不需要的成分。大多数信号调理模块有低通滤波器，用来滤除噪声。通常还需要抗混叠滤波器，滤除信号中感兴趣的最高频率以上的所有频率的信号。某些高性能的数据采集卡自身带有抗混叠滤波器。

4. 激励

信号调理也能够为某些传感器提供所需的激励信号，比如应变传感器、热敏电阻等需要外界电源或电流激励信号。很多信号调理模块都提供电流源和电压源以便给传感器提供激励。

5. 线性化

许多传感器对被测量的响应是非线性的，因而需要对其输出信号进行线性化，以补偿传感器带来的误差。但目前的趋势是，数据采集系统可以利用软件来解决这一问题。

6. 数字信号调理

即使传感器直接输出数字信号，有时也有进行调理的必要。其作用是将传感器输出的数字信号进行必要的整形或电平调整。大多数数字信号调理模块还提供其他一些电路模块，使得用户可以通过数据采集卡的数字 I/O 直接控制电磁阀、电灯、电动机等外部设备。

8.1.6 采样频率、抗混叠滤波器和样本数

假设现在对一个模拟信号 $x(t)$ 每隔 Δt 时间采样一次。时间间隔 Δt 被称为采样间隔或者采样周期。它的倒数 $1/\Delta t$ 被称为采样频率，单位是采样数/s。$t = 0$，Δt，$2\Delta t$，$3\Delta t \cdots$，$x(t)$ 的数值就被称为采样值。所有 $x(0)$，$x(\Delta t)$，$x(2\Delta t)$ 都是采样值。这样信号 $x(t)$ 可以用一组分散的采样值来表示：

$$\{x(0)，x(\Delta t)，x(2\Delta t)，x(3\Delta t)，\cdots，\cdots\}$$

图 8-7 显示了一个模拟信号和它采样后的采样值。采样间隔是 Δt，注意，采样

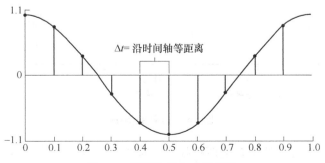

图 8-7　模拟信号和采样显示

点在时域上是分散的。

如果对信号 $x(t)$ 采集 N 个采样点，那么 $x(t)$ 就可以用下面这个数列表示：

$$X = \{x[0], x[1], x[2], x[3], \cdots, x[N-1]\}$$

这个数列被称为信号 $x(t)$ 的数字化显示或者采样显示。注意这个数列中仅仅用变量编制了索引，而不含有任何关于采样率（或 Δt）的信息。所以如果只知道该信号的采样值，并无法知道它的采样率，缺少了时间尺度，也不可能知道信号 $x(t)$ 的频率。

根据采样定理，最低采样频率必须是信号频率的两倍。反过来说，如果给定了采样频率，那么能够正确显示信号而不发生畸变的最大频率叫作奈奎斯特频率，它是采样频率的一半。如果信号中包含频率高于奈奎斯特频率的成分，信号将在直流和奈奎斯特频率之间畸变。图 8-8 所示为一个信号分别用合适的采样率和过低的采样率进行采样的结果。

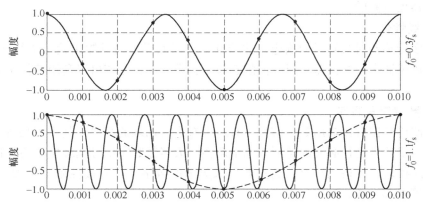

图 8-8　不同采样率的采样结果

采样率过低的结果是还原的信号的频率看上去与原始信号不同。这种信号畸变叫作混叠。出现的混频偏差是输入信号的频率和最靠近的采样率整数倍的差的绝对值。

图 8-9 给出了一个混叠的例子。假设采样频率 f_s 是 100Hz，信号中含有 25Hz、70Hz、160Hz 和 510Hz 的成分。

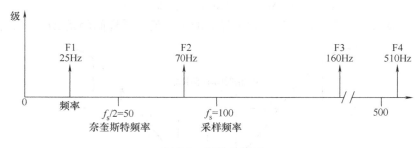

图 8-9　混叠的例子

采样的结果将会是低于奈奎斯特频率（$f_s/2 = 50$ Hz）的信号可以被正确采样。而频率高于 50Hz 的信号成分采样时会发生畸变。分别产生了 30Hz、40Hz 和 10Hz

的畸变频率 F2、F3 和 F4。计算混频偏差的公式是：

混频偏差 = ABS （采样频率的最近整数倍 – 输入频率）

其中 ABS 表示"绝对值"，例如：

混频偏差 F2 = | 100 – 70 | Hz = 30Hz

混频偏差 F3 = | 2 × 100 – 160 | Hz = 40Hz

混频偏差 F4 = | 5 × 100 – 510 | Hz = 10Hz

为了避免这种情况的发生，通常在信号被采集（A/D）之前，经过一个低通滤波器，将信号中高于奈奎斯特频率的信号成分滤去。在图 8-9 的例子中，这个滤波器的截止频率自然是 25Hz。这个滤波器称为**抗混叠滤波器**。

采样频率应当怎样设置呢？也许使用者可能会首先考虑用采集卡支持的最大频率。但是，较长时间使用很高的采样率可能会导致没有足够的内存或者硬盘存储数据太慢。理论上采集频域信号设置采样频率为被采集信号最高频率成分的 2 倍就够了，采集时域信号选用 5 ~ 10 倍，有时为了较好地还原波形，甚至更高一些。

通常，信号采集后都要去做适当的信号处理，如 FFT 等。这里对样本数又有一个要求，一般不能只提供一个信号周期的数据样本，希望有 5 ~ 10 个周期，甚至更多的样本。并且希望所提供的样本总数是整周期个数的。这里又出现一个困难，有时并不知道，或不确切知道被采信号的频率，因此不但采样率不一定是信号频率的整倍数，也不能保证提供整周期数的样本。所有的仅仅是一个时间序列的离散的函数 $x(n)$ 和采样频率。

8.2　提高采集质量

8.2.1　模拟输入参数

为了更好地理解模拟输入，需要了解信号数字化过程中分辨率、范围、增益等参数对采集信号质量的影响。

1. 分辨率（Resolution）

分辨率就是用来进行 A/D 转换的位数，A/D 的位数越多，分辨率就越高，可区分的最小电压就越小。分辨率要足够高，数字化信号才能有足够的电压分辨能力，才能比较好的恢复原始信号。目前分辨率为 10 位的采集卡属于较低的，12 位属中档，16 位的卡就比较高了。它们可以分别将模拟输入电压量化为 1024、4096、65536 份。

分辨率是 A/D 转换所使用的数字位数。分辨率越高，输入信号的细分程度就越高，能够识别的信号变化量就越小。图 8-10 所示为一个正弦波信号，以及用三位 A/D 转换所获得的数字结果。三位 A/D 转换把输入范围细分为 2^3 份。二进制数从 000 到 111 分别代表每一份。显然，此时数字信号不能很好地表示原始信号，因为分辨率不够高，许多变化在 A/D 转换过程中丢失了。然而，如果把分辨率增加为 16 位，A/D 转换的细分数值就可以从 2^3 增加到 2^{16}，即 65536，它就可以相当准确地表示原始信号。

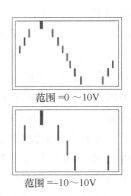

图 8-10　正弦信号及其 A/D 转换的数字结果

2. 电压范围（Range）

电压范围由 A/D 能数字化的模拟信号的最高和最低电压决定。一般情况下，采集卡的电压范围是可调的，所以可选择和信号电压变化范围相匹配的电压范围以充分利用分辨率范围，得到更高的精度。比如，对于一个 3 位的 A/D，在选择 0 ~ 10V 范围时，它将 10V 八等分；如果选择范围为 − 10 ~ 10V，同一个 A/D 就得将 20V 八等分，能分辨的最小电压就从 1.25V 上升到 2.50V，这样信号复原的效果就更差了。

3. 增益（Gain）

增益主要用于在信号数字化之前对衰减的信号进行放大。使用增益，可以等效地降低 A/D 的输入范围，使它能尽量将信号分为更多的等份，基本达到满量程，这样可以更好地复原信号。因为对同样的电压输入范围，大信号的量化误差小，而小信号时量化误差大。当输入信号不接近满量程时，量化误差会相对加大。如：输入只为满量程的 1/10 时，量化误差相应扩大 10 倍。一般使用时，要通过选择合适的增益，使得输入信号动态范围与 A/D 的电压范围相适应。当信号的最大电压加上增益后超过了板卡的最大电压，超出部分将被截断而读出错误的数据。

对于 NI 公司的采集卡选择增益是在 LabVIEW 中通过设置信号输入限制来实现的，LabVIEW 会根据选择的输入限制和输入电压范围的大小来自动选择增益的大小。

一个采集卡的分辨率、范围和增益决定了可分辨的最小电压，它表示为 1LSB。例如：某采集卡的分辨率为 12 位，范围取 0 ~ 10V，增益取 100，则有 1LSB = 10V/(100 × 4096) ≈ 24μV。这样，在数字化过程中，最小能分辨的电压就为 24μV。

选择合适的增益和输入范围要与实际被测信号匹配。如果输入信号的改变量比采集卡的精度低，就可以将信号放大，提高增益。选择一个大的输入范围或降低增益可以测量大范围的信号，但这是以精度的降低为代价的。选择一个小的输入范围或提高增益可以提高精度，但这可能会使信号超出 A/D 允许的电压范围。

增益表示输入信号被处理前放大或缩小的倍数。给信号设置一个增益值，可以实际减小信号的输入范围，使模数转换能尽量地细分输入信号。例如：当使用一个 3 位模数转换，输入信号范围为 0 ~ 10V，图 8-11 所示为给信号设置增益值的效果。

当增益=1 时，A/D 转换只能在 5V 范围内细分成 4 份，而当增益=2 时，就可以细分成 8 份，精度大大地提高了。但必须注意，此时实际允许的输入信号范围为 0~5V。一旦超过 5V，当乘以增益 2 以后，输入到 A/D 转换的数值就会大于允许值 10V。

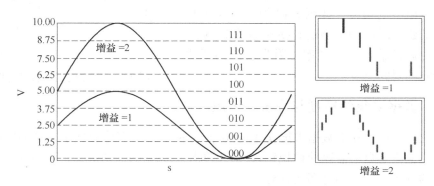

图 8-11 信号设置增益值的效果

4. 转换宽度

总之，输入范围、分辨率以及增益决定了输入信号可识别的最小模拟变化量。此最小模拟变化量对应于数字量的最小位上的 0、1 变化，通常叫作转换宽度。其算式为：

$$转换宽度 = 输入范围 / （增益 \times 2^\wedge 分辨率）$$

例如：一个 12 位的 DAQ 卡，输入范围为 0~10V，增益为 1，则可检测到 2.4mV 的电压变化。而当输入范围为 -10~10V（20V），可检测的电压变化量则为 4.8mV。

5. 采样率

采样率决定了 A/D 变换的速率。采样率高，则在一定时间内采样点就多，对信号的数字表达就越精确。采样率必须保证一定的数值，符合采样定理。如果采样率太低，则精确度就很差。

8.2.2 模拟输出参数

多功能的 DAQ 卡用数模转换器（D/A）将数字信号转换成模拟信号，D/A 的有关参数有范围、分辨率、单调性、线性误差、建立时间、转换速率、精度等。下面对部分参数做一些解释。

建立时间：是指变化量为满刻度时，达到终值 1/2LSB 时所需的时间。这个参数反映 D/A 的 D/A 转换从一个稳态值到另一个稳态值的过渡过程的长短。建立时间一般为几十 ns 至几 μs。

转换速率：是指 D/A 输出能达到的最大变化速率，即电平变化除以转换所用时间，通常指电压满范围内的转换速率。

精度：分为绝对精度和相对精度。绝对精度是指输入某已知数字量时其理论输出模拟值和实际所测得的输出值之差，该误差一般应低于 1/2LSB。相对精度是绝对精度相对于额定满度输出值的比值，可用偏差多少 LSB 或者相对满度的百分比表示。D/A 的分辨率越高，数字电平的个数就越多，精度越高。D/A 范围增大，精度就会下降。

由建立时间和转换速度可以得到 D/A 转换输出信号电平的快慢，如图 8-12 所示。一个有着更小的建立时间和更高的转换速率的 D/A 可以产生更高的输出信号频率，因为它达到新的电平所需的时间更少。

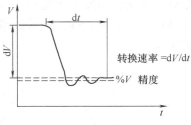

图 8-12　建立时间和转换速率

8.2.3　数据采集的精度与分辨率考虑

在选择一块多功能数据采集（Data Acquisition，以下简称 DAQ）卡的时候，可以很容易地决定自己需要的模拟输入/输出和数字信号的通道数。但要确定模拟输入通道的分辨率，就不是那么容易了。

一些 12 位的板卡可以达到更高的采样率，或是具有比同类 16 位板卡低廉的价格。如何确定哪款板卡才是自己真正需要的呢？想要做出正确的决定，需要考虑系统和板卡要求的整体精度。

1. 考虑精度，而非分辨率

工程师们在决定选用 12 位还是 16 位的设备时，经常是靠"猜测"。实际上，通过很多方法，都可以由给定的系统精度指标衡量出 DAQ 卡需要的整体精度。在一个给定范围内，一块 16 位 DAQ 卡的测量结果有 2^{16}（65536）种可能，而 12 位的 DAQ 卡则有 2^{12}（4096）种可能。在理想状态下，这些可能的值在整个测量范围内均匀分布，测量硬件将实际值归入最接近的可能结果，并将此结果返回到计算机的内存。如果计算精度只考虑这一点的话，那么 16 位测量则永远比 12 位测量精确 16 倍。而实际上，人们仅将这种误差视为影响精度的因素之一，称为量化误差。

量化误差在 12 位 NI 多功能 DAQ 板卡的总体测量误差中占 35%，但在 16 位 NI 多功能 DAQ 板卡的测量误差中，所占比例可忽略不计。特别是在 16 位测量中，除了测量误差外，还必须考虑其他误差因素。

所谓的其他误差包括噪音、非线性转换函数、温度漂移误差及更多。所有这些误差都受模拟设计质量的影响，是 16 位产品的总体误差中的重要因素。这意味着 16 位板卡的模拟设计比 12 位的更加严格，尤其在高增益时。不同的测量硬件厂商对构成误差的定义各异，术语也不尽相同。因此，必须核对多个供应商的技术规范列表，以确认厂商没有遗漏任何影响精度的重要信息。

2. 精度的保证：卡设计

计算机或工作台上的仪器设备温度会不断波动，高品质数据采集设备能在相当大的温度范围内确保测量精度。通常 55℃ 是 PCI 设备的工作范围。定制的电阻网络和高档器件能将温度漂移限定在 6ppm/℃ 内。另一个要注重的设计是分辨率改良技术。数据采集设备的设计应将噪声最小化，并按高斯原则均匀分布其他误差。因此，**通过将采样结果取平均也能大幅增加这类设备的测量精度。**计算 100 个或更多采样结果的平均值后，12 位板卡能有 14 位板的效果，16 位能达到 18 位的效果。

带多功能 I/O 的数采设备应该具有校准电路，来校正模拟输入和输出产生的增益和漂移误差。可利用软件来消除运行时的时间漂移和温度漂移。无需外部电路，卡上高度稳定的内部参考电压即可确保其在时间和温度变化下保持原有的精度和稳定性。通常校准常量被永久性地保存在板上的 EEPROM 里，不能修改。在 EEPROM 中可被修改部分保存了用户可调性常量。可以通过取出不可修改常量，将设备恢复到出厂时的初始校准状态。

3. 别忽略了软件

配置和驱动软件的质量好坏与测量硬件的质量同样重要。一定要耐心仔细地为数据采集和信号调理系统选择一个稳固、经过长时间考验的驱动软件。软件能够帮助快速完成设备安装，开始测量数据。购买之前，先参考一些测量范例能让开发者的应用系统开发有一个高的起点。为了确保投入的资金得到有效利用，驱动软件应能在多种不同开发环境、操作系统和计算机、总线下保持同样的高性能与易用性。

花时间在评估和选择正确的数据采集设备是成功测量任何信号和传感器的关键。尽管可能有许多选择，但由于每种数采卡均有设计独特之处，所以最佳选择只有一种。向技术支持工程师咨询，了解设备在不同温度下的工作状态，抗噪性如何，软件是否提供快捷配置工具等，能对产品质量乃至项目的成功更有把握。

8.3 DAQ 设备

8.3.1 数据采集系统的构成

图 8-13 所示为数据采集系统结构。在数据采集之前，程序将对采集板卡初始化，板卡上和内存中的缓冲区是数据采集存储的中间环节。需要注意的两个问题是：是否使用缓冲区？是否使用外触发启动、停止或同步一个操作？

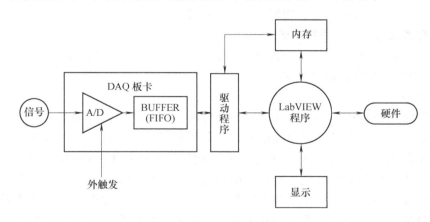

图 8-13　数据采集系统结构

DAQ 系统的基本任务是物理信号的产生或测量。但是要使计算机系统能够测量物理信号，必须要使用传感器把物理信号转换成电信号（电压或者电流信号）。有时不能把被测信号直接连接到 DAQ 卡，而必须使用信号调理辅助电路，先将信号进行一定的处理。总之，数据采集是借助软件来控制整个 DAQ 系统，包括采集原始数据、分析数据、给出结果等。图 8-14 中描述了插入式 DAQ 卡。另一种方式是外接式 DAQ 系统。这样，就不需要在计算机内部插槽中插入板卡，这时，计算机与 DAQ 系统之间的通信可以采用各种不同的总线，如并行口或者 PCMCIA 等完成。这种结构适用于远程数据采集和控制系统。

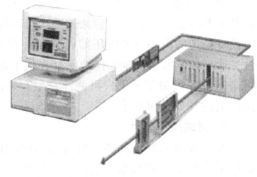

图 8-14　数据采集示意图

1. 缓冲区

这里的缓冲指的是 PC 内存的一个区域（不是数据采集卡上的 FIFO 缓冲），它用来临时存放数据。例如：需要每秒采集几千个数据，在一秒内显示或图形化所有数据是困难的。但是将采集卡的数据先送到缓冲区，就可以先将它们快速存储起来，稍后再重新找回它们显示或分析。需要注意的是缓冲区与采集操作的速度及容量有关。如果使用的卡有 DMA 性能，模拟输入操作就有一个通向计算机内存的高速硬件通道，这就意味着所采集的数据可以直接送到计算机的内存。

不使用缓冲区意味着对所采集的每一个数据必须及时处理（图形化、分析等），因为这里没有一个场合可以保持你着手处理的数据之前的若干数据点。

下列情况需要使用缓冲区：

1）需要采集或产生许多样本，其速率超过了实际显示、存储到硬件，或实时分析的速度。

2）需要连续采集或产生 AC 数据（>10 样本/s），并且要同时分析或显示某些数据。

3）采样周期必须准确、均匀地通过数据样本。

下列情况可以不使用缓冲区：

1）数据组短小，例如：每秒只从两个通道之一采集一个数据点。

2）需要缩减存储器的开支。

2. 触发

触发涉及初始化、终止或同步采集事件的任何方法。触发器通常是一个数字或模拟信号，其状态可确定动作的发生。软件触发最容易，可以直接用软件，如使用布尔面板控制去启动/停止数据采集。硬件触发让板卡上的电路管理触发器，控制了采集事件的时间分配，有很高的精确度。硬件触发可进一步分为外部触发和内部触发。当某一模拟输入通道发生一个指定的电压电平时，让采集卡输出一个数字脉冲，这是内部触发。采集卡等待一个外部仪器发出的数字脉冲到来后初始化采集卡，这是外部触发。许多仪器提供数字输出用于触发特定的装置或仪器。

下列情况使用软件触发：

1）用户需要对所有采集操作有明确的控制。

2）事件定时不需要非常准确。

下列情况使用硬件触发：

1）采集事件定时需要非常准确。

2）想要减小软件开销。

3）DAQ 事件必须与外部设备同步。

8.3.2　数据采集卡的功能

一个典型的数据采集卡的功能有模拟输入、模拟输出、数字 I/O、计数器/计时器等，这些功能分别由相应的电路来实现。

模拟输入是采集最基本的功能。它一般由多路开关（MUX）、放大器、采样保持电路以及 A/D 来实现，通过这些部分，一个模拟信号就可以转化为数字信号。A/D 的性能和参数直接影响着模拟输入的质量，要根据实际需要的精度来选择合适的 A/D。

模拟输出通常是为采集系统提供激励。输出信号受数模转换器（D/A）的建立时间、转换率、分辨率等因素影响。建立时间和转换率决定了输出信号幅值改变的快慢。建立时间短、转换率高的 D/A 可以提供一个较高频率的信号。如果用 D/A 的输出信号去驱动一个加热器，就不需要使用速度很快的 D/A，因为加热器本身就不能很快地跟踪电压变化。应该根据实际需要选择 D/A 的参数指标。

数字 I/O 通常用来控制过程、产生测试信号、与外设通信等。它的重要参数包括：数字口路数（line）、接收（发送）率、驱动能力等。如果输出去驱动电动机、灯、开关型加热器等用电器，就不必用较高的数据转换率。路数要能同控制对象配合，而且需要的电流要小于采集卡所能提供的驱动电流。但加上合适的数字信号调理设备，仍可以用采集卡输出的低电流的 TTL 电平信号去监控高电压、大电流的工业设备。数字 I/O 常见的应用是在计算机和外设如打印机、数据记录仪等之间传送数据。另外一些数字 I/O 为了同步通信的需要还有"握手"线。路数、数据转换速率、"握手"能力都是应理解的重要参数，应依据具体的应用场合而选择有合适参数的数字 I/O。

许多场合都要用到计数器，如定时、产生方波等。计数器包括三个重要信号：门限信号、计数信号、输出。门限信号实际上是触发信号——使计数器工作或不工作；计数信号也即信号源，它提供了计数器操作的时间基准；输出是在输出线上产生脉冲或方波。计数器最重要的参数是分辨率和时钟频率，高分辨率意味着计数器可以计更多的数，时钟频率决定了计数的快慢，频率越高，计数速度就越快。

8.3.3　安装数据采集卡（以 LabVIEW 环境为例）

1）安装 NIDAQ 驱动。

2）打开包装取出数据采集卡，电缆，接线端子检查型号，阅读说明。

3）安装数据采集卡及附件（PCI/USB/1394/PCMCIA/PXI）。

4）打开计算机电源。

5）运行 MAX。

6）确认数据采集卡已经安装正确，在 MAX 中自检。

7）配置数据采集卡的参数。

8）装调理模块。

9）接入传感器。

10）运行测试面板。

11）安装第二块数据采集卡。

12）设置通道和任务。

13）在程序中应用。

8.4　了解 MAX

8.4.1　MAX 概述

一般来说，DAQ 设备都有自己的驱动程序，通过该程序来访问 NI 设备和系统。用户一般不需要对驱动程序的编写做过多的了解，只要使用驱动程序与 DAQ 硬件打交道即可。

NI 公司用管理软件：Measurement & Automation Explore（MAX）对 NI 相关的硬件进行管理。在计算机上安装了 DAQ 设备以后，必须运行这个配置程序工具。双击桌面图标，或在 LabVIEW 中选择**工具→Measurement & Automation Explore**，都可以打开 MAX。

MAX 的功能比较丰富，如使用它可以实现如下功能：

1）配置 NI 硬件和软件。

2）创建和编辑通道、任务、接口、换算和虚拟仪器。

3）进行系统诊断。

4）查看与系统连接的设备和仪器。

5）更新 NI 软件。

Windows 有即插即用功能，能自动检测到并配置无转换 DAQ 设备，如 PCI-6211。在计算机上安装设备时，计算机会自动检测到该设备。

每个 DAQ 设备都会被分配一个逻辑设备号，在以后的数据采集 VI 中，LabVIEW 就用这个设备号来引用该设备。

图 8-15 所示的窗口就是 MAX 主窗口。

数据邻居：存储了关于配置和修改任务、虚拟通道的信息；其中任务和虚拟通道都是测量参数设置的集合，用户可以形象地给任务或虚拟通道命名，便于使用。

设备和接口：配置本地或远程硬件设备的属性，比如配置数据采集卡、串口、并口等。

换算：用于标定运算。

软件：用于查看、运行和更新已经安装的 NI 软件。

图 8-15　MAX 主窗口

8.4.2　创建一个 NI-DAQ 仿真设备

在 NI-DAQmx 7.4 或后续版本中可以创建 NI-DAQmx 仿真设备。使用 NI-DAQmx 仿真设备，在没有硬件的情况下也可以在应用程序中试用 NI 产品。有了硬件以后，可以通过 MAX 便携式配置向导（MAX Portable Configuration Wizard）将 NI-DAQmx 仿真设备配置导入物理设备。用 NI-DAQmx 仿真设备，也可以将物理设备配置导出到没有安装该物理设备的系统上。然后，在便携式系统上使用 NI-DAQmx 仿真设备开发应用程序，回到原始系统时，只需简单地将应用程序导入即可。

按照下列步骤创建一个 NI-DAQmx 仿真设备：

1）右键单击设备和接口，并选择"新建…"

2）在"新建…"对话框中选择仿真 NI-DAQmx 设备或模块化仪器。

3）选择设备并单击完成。

4）如果选择了 PXI 设备，会提示选择一个机箱号和 PXI 插槽号。

5）如果选择了 SCXI 机箱，SCXI 配置面板就会打开。

8.4.3　配置 NI-DAQmx 设备

数据采集卡都有自己的驱动程序，该程序控制采集卡的硬件操作，用户一般无须通过底层就能与采集卡硬件打交道。用户可以使用 MAX 来配置 NI 公司的软件和硬件，比如执行系统测试和诊断、增加新通道和虚拟通道、设置测量系统的方式、查看所连接的设备等。

物理通道是测量和生成模拟信号或数字信号的接线端或引脚。虚拟通道对应于物理通道及其设置。如输入端连接、测量或生成的类型以及换算信息。在 NI-DAQmx 中，各项测量都不能缺少虚拟通道。

任务是具有定时、触发等属性的一个或多个虚拟通道。理论上，任务就是要执行的测量或信号生成任务。可在任务中设置和保存配置信息，并在应用程序中使用任务。

开发 DAQ 应用时需要使用 MAX 配置一组虚拟通道。这个配置是一组属性设置的集合，包括物理通道、在通道名称中指明的测量类型以及度量信息。所以虚拟通道是记忆不同测量要使用哪个通道的简单办法。DAQmx 通道必须进行相应的配置。配置的方法有两种：MAX 和 DAQ 助手，过程几乎一样。

浏览 MAX 目录中的**我的系统→设备和接口**。可以看到所有连接到系统的物理和仿真 NI-DAQmx 设备列表。当在已安装的 NI-DAQ 设备上单击右键时，弹出菜单会显示如图 8-16 所示的菜单。

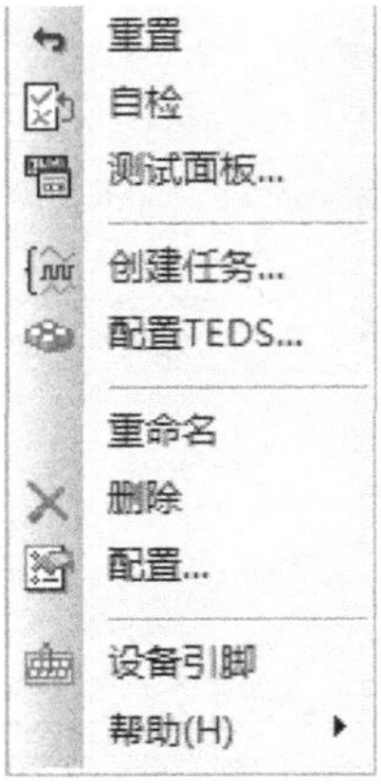

图 8-16　已安装的
NI-DAQ 设备菜单

1）重置：执行设备的硬件重启，终止正在运行的所有任务并把设备恢复到默认设置。

2）自检：运行设备的简单测试，然后在消息窗口中显示测试结果。

3）测试面板：对 DAQ 设备的功能进行简单的测试。相当于一个现成的数据采集器和示波器。用此来检验 DAQ 设备的工作状态是否正常。

4）创建任务：创建一个 NI-DAQmx 任务。NI-DAQmx 任务是一个或多个通道、定时、触发等属性的集合。例如：任务可能代表了用户想要完成的测量（从一个通道中测量温度、压力等）。要在任务中包含多个测量类型，则必须首先创建具有一个测量类型的任务。任务创建完毕后，单击添加通道按钮可向任务添加一个新的测量类型。

5）配置 TEDS：使用配置 TEDS 窗口，在 NI-DAQmx 设备上添加或删除 TEDS 兼容的传感器。TEDS 表示传感器电子数据表，是一个有关智能传感器的 IEEE 标准，用于智能传感器保存自己的校准数据，并与从该传感器获取电信号的计算机交流这些信息。

6）重命名：允许用户修改设备的名称，在 LabVIEW 中通过该名称寻址设备。默认设备名称为"Dev1""Dev2"等。

7）删除：删除仿真设备和附属设备。

8）设备引脚：打开 NI-DAQmx 设备端子帮助，显示 DAQ 设备连接物理信号的引脚号。

8.5 测量模拟输入

模拟输入是测量模拟信号并将测量结果传递到计算机上，进行分析、显示和存储的过程。模拟信号是一种连续变化的信号。模拟输入大部分情况下都用于测量电压或电流。许多设备都可用来实现模拟输入，如多功能 DAQ（MIO）设备、高速数字化仪、数字万用表（DMM）和动态信号采集（DSA）设备。可以采用 DAQ 助手和 DAQmx 函数进行数据采集。

8.5.1 使用 DAQ 助手

将 DAQ 助手 Express VI 放入程序框图中时，DAQ 助手会自动出现。它是一个可以用来配置测量任务及通道的图形接口。

可以通过函数→测量 I/O→DAQmx-数据采集→DAQ 助手打开该 VI。

1. DAQ 助手 Express VI 构建数据采集的通用过程

1）建立新 VI。

2）在程序框图中放入 DAQ 助手 Express VI。

3）出现 DAQ 助手以配置测量任务。

4）选择采集信号或生成信号。

5）选择 I/O 类型（如模拟输入）和测量类型（如电压），如图 8-17 所示。

图 8-17　DAQ 助手选择采集类型

6）配置、命名及测试 NI-DAQmx。

7) 选择要使用的物理通道并单击下一步，配置各个通道。分配至任务的各个物理通道都有一个虚拟通道名称。选定通道后，才能修改输入范围和其他设置。单击详细信息，可查看物理通道的相关信息。配置任务的定时和触发。单击确定运行。如图 8-18 所示。

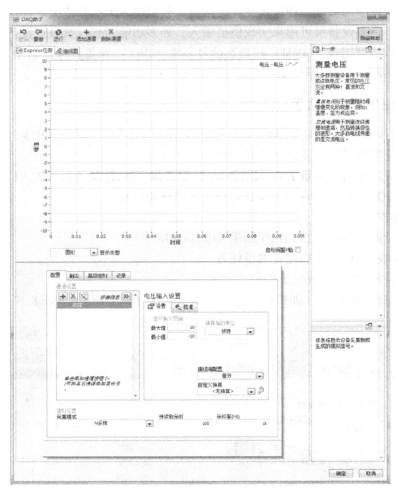

图 8-18　DAQ 助手配置通道

8) 单击确定返回程序框图。

9) 编辑前面板和程序框图完成 VI。

10) 如有需要生成 NI-DAQmx 任务名控件以便在其他应用中使用该任务。

如果使用 DAQ 助手配置了 DAQmx 任务，则该任务就是一个本地任务，因此，它不能保存到 MAX 中被其他应用使用。如果想要使任务对其他应用使用，可以使用 DAQ 助手生成 DAQmx 任务名控件使其保存到 MAX 中并在其他应用中使用。

2. 采集相关概念

1) 执行模数转换。用计算机采集模拟信号需要通过模数转换的步骤才能实现，该步骤包括接收一个电信号，并将它转换成计算机能处理的数字数据。模数转换器（ADC）是一种将电压电平转换为包含 1 和 0 的序列的电路器件。

ADC 在采样时钟的每一个边缘升降时采样模拟信号。每个周期内，ADC 都会生成一个模拟信号的快照，这样就可以测量信号并将它转换成数字值。采样时钟控制采样输入信号的速率。因为输入的未知信号是来自真实世界精度为无穷的信号，ADC 以固定的精度对信号取近似值。ADC 获取了信号的近似值后，可将近似值转换为数字值序列。而有一些转换方法不需要这个步骤，因为 ADC 在得到近似值的同时可以直接通过转换生成数字值。

2）任务定时。执行模拟输入时，可以通过定时任务来采集 1 个样本、采集 *n* 个样本和连续采集。

采集单个样本

单样本采集按需操作，无缓冲或硬件定时。也就是，驱动程序从输入通道中采集一个值，就立刻返回这个值。例如：周期性地监控容器中的液位时，就需要采集单一的数据点。将产生表示液位的电压信号的传感器和测量设备的一个通道相连，需要了解液位时就进行一次单通道、单点采集。

采集多个样本

完成单通道或多通道、多样本采集的方法之一就是重复采集单一样本。但是，反复在单通道或多通道上采集单一的数据样本不仅效率低下，而且费时。除此之外，还无法准确控制样本间或通道间的生成间隔。相反地，使用计算机内存中的缓冲区的硬件定时，可以更有效地采集数据。如果通过编程来实现，就需要用定时函数，并指定采样频率和采样模式。如果用其他的函数，可以完成单通道或多通道的多样本采集。用 NI-DAQmx 也可以从多个通道采集数据。例如：可能需要同时监视容器的液位和温度。在这种情况下，就需要将两个传感器分别连接到设备的两个通道上。

连续采集

如果想在采集时查看、处理或记录样本的子集，就需要连续采集样本。对于这些类型的应用，将采样模式设置为**连续**。

8.5.2 DAQmx 函数进行数据采集

DAQmx 数据采集程序的基本架构如图 8-19 所示。

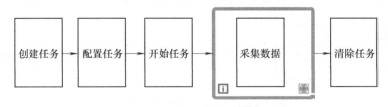

图 8-19 DAQmx 数据采集程序的基本架构

1. 单通道数据采集

单通道数据采集程序如图 8-20 所示。

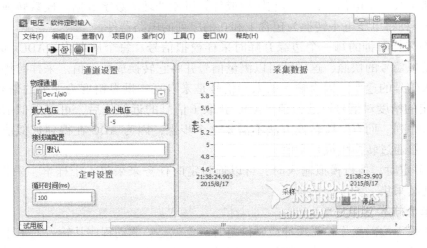

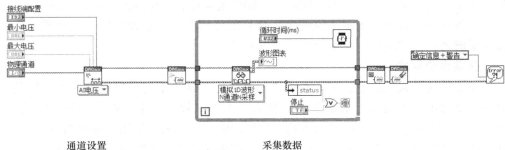

通道设置 采集数据

图 8-20 单通道数据采集程序

2. 多通道采集

多数通用采集卡都有多个模拟输入通道，但是并非每个通道配置一个 A/D，而是共用一套 A/D，在 A/D 之前的有一个多路开关（MUX），以及放大器（AMP）、采样保持器（S/H）等。通过这个开关的扫描切换，实现多通道的采样。多通道的采样方式有三种：循环采样、同步采样和间隔采样。在一次扫描中，数据采集卡将对所有用到的通道进行一次采样，扫描速率是数据采集卡每秒进行扫描的次数。

当对多个通道采样时，循环采样是指采集卡使用多路开关以某一时钟频率将多个通道分别接入 A/D 循环进行采样。如图 8-21 所示为两个通道循环采样的示

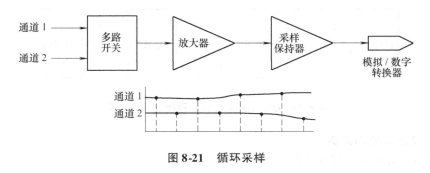

图 8-21 循环采样

意图。此时，所有的通道共用一个 **A/D** 和 S/H 等设备，比每个通道分别配一个 **A/D** 和 S/H 的方式要廉价。循环采样的缺点在于不能对多通道同步采样，通道的扫描速率是由多路开关切换的速率平均分配给每个通道的。因为多路开关要在通道间进行切换，对两个连续通道的采样，采样信号波形会随着时间变化，产生通道间的时间延迟。如果通道间的时间延迟对信号的分析不很重要时，使用循环采样是可以的。

当通道间的时间关系很重要时，就需要用到同步采样方式。支持这种方式的数据采集卡每个通道使用独立的放大器和 S/H 电路，经过一个多路开关分别将不同的通道接入 A/D 进行转换。图 8-22 所示为两个通道同步采样的示意图。还有一种数据采集卡，每个通道各有一个独立的 A/D，这种数据采集卡的同步性能更好。但是成本显然更高。

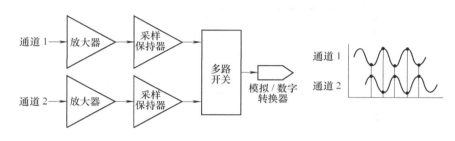

图 8-22　同步采样

假定用四个通道来采集均为 50kHz 的周期信号（其周期是 20μs），数据采集卡的采样速率设为 200kHz。则采样间隔为 5μs（1/200kHz）。如果用循环采样则每相邻两个通道之间的采样信号的时间延迟为 5μs（1/200kHz），这样通道 1 和通道 2 之间就产生了 1/4 周期的相位延迟，而通道 1 和通道 4 之间的信号延迟就达 15μs，折合相位差是 270°。一般来说这是不行的。

为了改善这种情况，而又不必付出像同步采样那样大的代价，就有了如下的间隔扫描方式。在这种方式下，用通道时钟控制通道间的时间间隔，而用另一个扫描时钟控制两次扫描过程之间的间隔。通道间的间隔实际上由采集卡的最高采样速率决定，可能是 μs、甚至 ns 级的，效果接近于同步扫描。间隔扫描适合缓慢变化的信号，比如温度和压力。假定一个 10 通道温度信号的采集系统，用间隔采样，设置相邻通道间的扫描间隔为 5μs，每两次扫描过程的间隔是 1s，这种方法提供了一个以 1Hz 同步扫描 10 通道的方法，如图 8-23 所示。1 通道和 10 通道扫描间隔是 45μs，相对于 1Hz 的采样频率是可被忽略的。对一般采集系统来说，间隔采样是性价比较高的一种采样方式。

NI 公司的数据采集卡可以使用内部时钟来设置扫描速率和通道间的时间间隔。多数数据采集卡根据通道时钟按顺序扫描不同的通道，控制一次扫描过程中相邻通道间的时间间隔，而用扫描时钟来控制两次扫描过程的间隔。通道时钟要比扫描时钟快，通道时钟速率越快，在每次扫描过程中相邻通道间的时间间隔就越小。图 8-24 所示为间隔采样与循环采样比较。

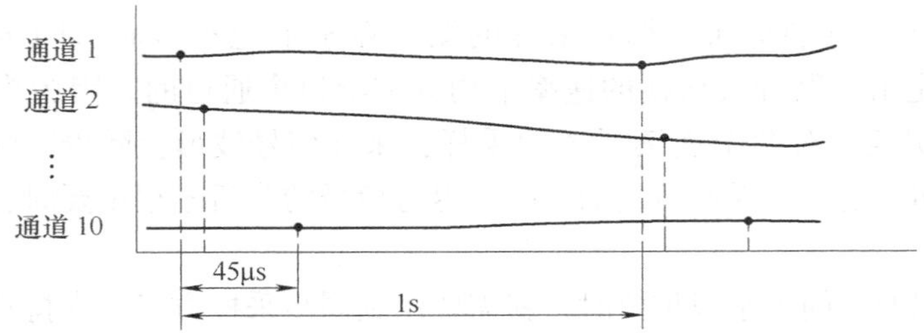

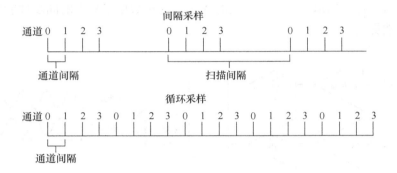

图 8-23　间隔采样

图 8-24　间隔采样与循环采样比较

8.6　产生模拟输出

模拟输出是一个从计算机中产生电信号的过程。模拟输出是由数模转换（D/A）操作产生的。可用于任务的模拟输出类型有电压和电流。

如需执行一个电压或电流任务，就必须安装一个能够产生相应形式信号的匹配设备。

8.6.1　任务定时

执行模拟输出时，可以通过定时任务来生成单个样本、生成多个样本和连续生成。

1. 生成单个样本

当信号电平高低比信号的产生率更重要时，就应使用单点刷新。例如：需要产生一个稳定的直流信号时，每次就生成一个样本。软件定时可用于控制设备生成信号的时间。这种操作不需要任何缓冲区或硬件定时。例如：如需产生一个已知电压来模拟一种设备，使用单点刷新就比较合适。

2. 生成多个样本

完成单通道或多通道多样本生成的一种方法就是重复生成单一样本。但是，反复在单通道或多通道上生成单一的数据样本不仅效率低下，而且费时。除此之外，还无法准确控制样本间或通道间的生成间隔。相反地，硬件定时使用计算机内存中的缓冲区，可以更有效地生成数据。

软件定时和硬件定时都可用于控制信号产生的时间。使用软件定时的时候，样本的生成速率取决于软件和操作系统，而不是测量设备。使用硬件定时的时候，一个 TTL 信号（如设备上的时钟）控制了信号的产生速率。硬件时钟的运行速度可以比软件循环的运行速度快很多，而且硬件时钟比软件循环更为准确。

> **注意**
>
> 有些设备不支持硬件定时。如果不确定所用设备是否支持硬件定时，可以查阅相关设备文档。

如果通过编程来实现，就需要用定时函数，并指定采样频率和采样模式。如果协同使用其他的函数，可以完成单通道或多通道的多样本生成。如要产生一个有限的随时间变化的信号（如交流正弦波），可以用生成 n 个样本的方法。

3. 连续生成

连续生成需要有事件发生来停止生成信号，除此之外，它和生成 n 个样本很相似。如要连续地产生信号，如生成一个无限的交流正弦波，设置定时模式为连续模式。

8.6.2 任务触发

当 NI-DAQmx 控制的设备工作时，它就在执行操作。常见的两项操作是产生样本和开始生成信号。每一项 NI-DAQmx 操作都需要一个激励或原因。当激励发生时，操作就会执行。操作执行的触因称为触发器。起动触发器使生成操作开始进行。

8.6.3 执行数模转换

数模转换是模数转换的反向操作。在数模转换中，由计算机生成数据。数据可能是之前通过模拟输入采集所得，也可能是由计算机上的软件生成的。数模转换器（DAC）接收这个数据，并通过它来随时间改变输出引脚上的电压。DAC 会产生一个可以发送到其他设备或电路的模拟信号。

DAC 有一个更新时钟，由该时钟告知 DAC 产生新数值的时间。更新时钟的功能类似于模数转换器（ADC）采样时钟的功能。在时钟的每一个周期内，DAC 会将一个数字值转换成模拟电压，并在引脚上创建一个电压输出。当与高速时钟配合使用时，DAC 会产生一个看上去持续平稳的信号。

8.7 数字 I/O

通常用于过程控制，与外围设备进行通信。一个端口由四个或八个输入输出组成。同一端口必须同时为输入或输出。

数字信号是一种通过导线传递数字数据的电信号。这些信号通常只有两种状态：开（on）和关（off），也称作高和低，或者 1 和 0。通过导线发送电子信号的时候，发送方在导线上加一个电压，而接收方使用电压电平来确定正在发送的值。每一个数字值的电压范围取决于所使用的电压电平标准。数字信号有很多用途，关于数字信号的最简单应用就是控制或测量数字状态或有限状态的设备，如开关和指示灯。数字信号也能传递数据，这种信号可用于对设备编程，或者在仪器间通信。另外，数字信号还可用作时钟或触发信号以便控制其他测量或使它们保持同步。

DAQ 设备上的数字线可用于采集一个数字值。采集过程是基于软件定时的。在一些设备上，配置单个数字线可以完成数字样本的测量或生成。每一根线对应于任务中的一个通道。

DAQ 设备上的数字端口可用于从数字线的集合中采集一个数字值。采集过程是基于软件定时的。配置单个端口可以完成数字样本的测量或生成。每一个端口对应于任务中的一个通道。

8.8 小结

本章讨论了基本信号和数据采集理论。不同类型的信号按照测量目的可以分为模拟 AC、模拟 DC、数字开关。信号源可以是接地的或浮动的。接地信号通常来自插卡式设备或连接到建筑物地的设备。浮动信号源包括许多类型的传感器，如热电偶或加速计。根据信号源的类型、信号的特点和信号数量，有三种测量系统可供使用：差分、单端接地（RSE）和单端浮动（NRSE）。数据采集系统的采样频率非常重要。根据奈奎斯特定理，采样频率必须大于被测量信号的最高频率的 2 倍。

介绍了缓冲和触发的概念。缓冲指的是将采样数据暂时保存在存储单元（缓冲区）中的一种方法，用于高速精确采集。触发是通过触发信号启动或停止数据采集的一种方法。触发信号可以来自于软件或外部信号。此外，还介绍了数字I/O。

安装 DAQ 设备比以前更容易，但仍然需要了解如何在 MAX 配置应用程序中设置参数。NI-DAQmx 任务为信号采集和产生提供了实体模型。讨论了如何使用 MAX 来创建和编辑任务，在 LabVIEW 中引用这些任务，以及从任务中直接生产 LabVIEW 配置和示例代码。

在 LabVIEW 中通过 DAQmx VI 使用 NI-DAQmx 任务非常简单。

习　　题

8-1　根据图 8-25 创建程序。

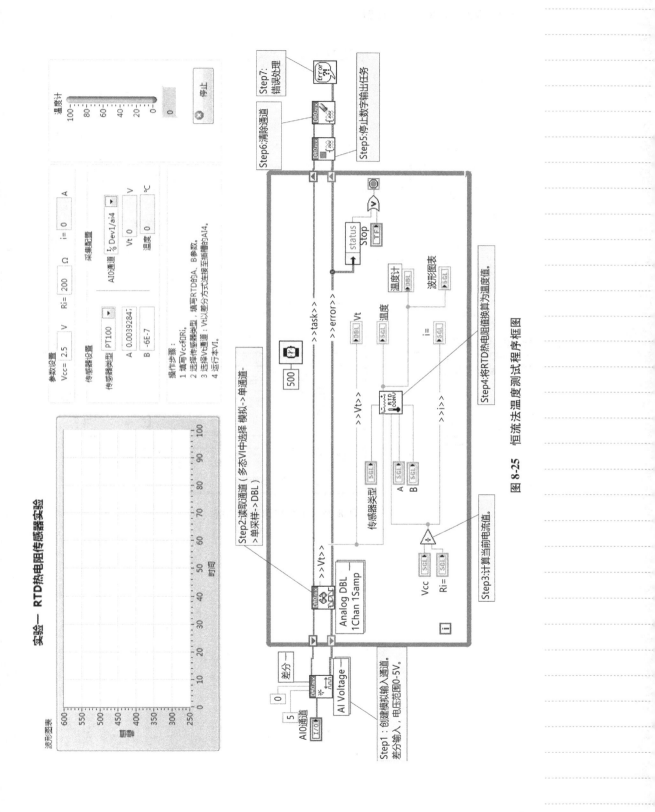

图 8-25 恒流法温度测试程序框图

8-2 根据图 8-26 完成程序创建。

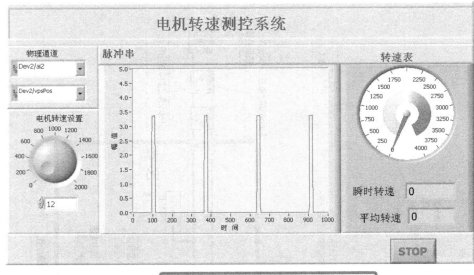

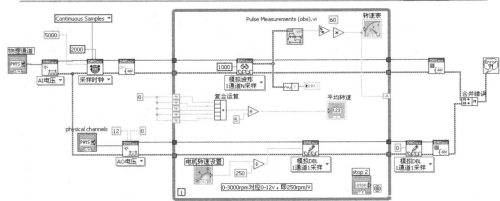

图 8-26　电机转速测试系统

第 9 章
字符串与文件 I/O

LabVIEW 有许多内置的字符串函数，类似于数组函数，这些字符串函数用于屏幕显示，发送命令给仪器并接收命令和数据等。本章主要介绍字符串和文件的管理操作，学习如何将数据保存到磁盘文件中以及从磁盘文件中读取数据。还将学习正则表达式搜索字符串，如字符串中的电话号码。

9.1　字符串概述

字符串仅是 ASCII 字符集。通常，除了文本信息外许多场合都要使用字符串。例如：在仪器控制中，以字符串方式传递数值数据，然后再将字符串转换为数值数据进行处理。也可以用字符串格式将数值数据保存到磁盘上。在许多文件 I/O VI 中，LabVIEW 在将数值只保存到文件之前，首先将其转换为字符串数据。

字符串控件位于控件选项板的字符串与路径子选板中，如图 9-1 所示。

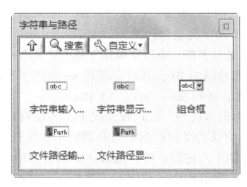

图 9-1　字符串控件

9.2　显示类型

字符串控件有一些选项很有用，如可以接收并显示一些不可显示字符，如退格、回车、制表符等。如果从字符串的弹出菜单中选择"＼"代码显示，不可显示字符显示为一个反斜扛（＼）紧随 ASCII 字符的十六进制值。

不论是否选中"＼"代码显示，都可通过键盘将上表中列出的不可显示字符输入到一个字符串输入控件中。但是，如在显示窗口含有文本的情况下启用反斜杠模式，则 LabVIEW 将重绘显示窗口，显示不可显示字符在反斜杠模式下的表示法及 \ 字符本身。

反斜杠模式适用于调试 VI 及把不可显示字符发送至仪器、串口及其他设备。表 9-1 列出了 LabVIEW 对不同代码的解释。

表 9-1 "\"代码

代　码	LabVIEW 执行
\ 00-\ FF	8 位字符的十六进制值，字母符号必须大写
\ b	退格（ASCII BS，等同于"\ 08"）
\ f	换页（ASCII FF，等同于"\ 08"）
\ n	换行（ASCII LF，等同于"\ 0A"），格式化写入文件函数自动将此代码转换为独立于平台的行结束字符
\ r	回车（ASCII CR，等同于"\ 0D"）
\ t	制表符（ASCII HT，等同于"\ 09"）
\ s	空格（等同于"\ 20"）
\ \	反斜杠（ASCII \，等同于"5C"）

必须知道一些常用的不可打印字符，如空格（0x20）、制表符（0x09）、回车键（0x0D）、换行（0x0A）等并不显示在"\"代码中，这些代码显示为跟随反斜扛字符（\）的十六进制的值。这些常用的不可打印字符代之以一个小写字母来表示。例如：从来不会看到"\ 20"（0x20 是空格的十六进制值），只会看到"\ s"（空格的"\"代码）。事实上，将"\ 20"输入到一个字符串中，并配置为"\"代码显示，"\ 20"将立即转换为"\ s"。

大写字母用于十六进制字符，小写字母用于换行、回格等特殊字符。LabVIEW 将"\ BFare"视为十六进制的 BF，其后为字符 are。将"\ bFare"和"\ bfare"分别视为退格和 Fare 及退格和 fare。而在"\ Bfare"中，"\ B"不是退格代码，"\ Bf"不是有效的十六进制代码。在这种情况下，当反斜杠后仅有部分有效十六进制字符时，LabVIEW 将认为反斜杠后带有 0 而将 \ B 解释为十六进制的 0B。如反斜杠后不跟一个有效的十六进制字符，LabVIEW 将会忽略该反斜杠字符。

当显示类型选定后，字符串中的数据并不改变，只是改变了某些字符的显示。"\"代码显示类型对于程序调试，以及指定仪器 \ 串口和其他设备需要的不可显示字符非常有用。

密码显示选项，用来设置字符串控件以"*"显示输入的每一个字符，以便不允许看到输入的内容。尽管前面板显示的只是一串"＊＊＊"，框图读取的却是字符串中的实际数据。很明显，这种显示方式对于在全部或部分 VI 中编程实现密码保护非常有用。从密码显示模式下的一个字符串控件向一个处于正常显示模式的字符串传递数据。注意无论显示方式如何，字符串数据并不改变。

如果想用十六进制字符来显示字符串代替字母字符显示，可以使用密码显示选项。图 9-2 所示为用 4 种显示类型来显示同样的字符串：正常显示；"\"代码显示；密码显示；十六进制显示方式。

图 9-2 在 4 种显示类型中显示同样的字符串

9.3 使用字符串函数

与数组一样，当使用 LabVIEW 提供的内置函数时，字符串是非常有用的。本节分析函数选项卡下字符串子选项卡中的部分函数，也可以浏览该选项卡中的其他内置函数，如图 9-3 所示。

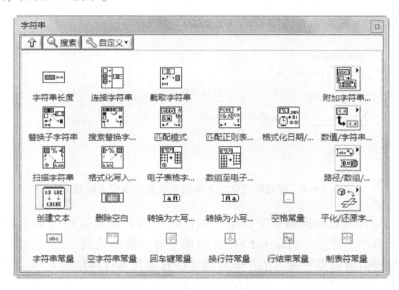

图 9-3 字符串函数选项卡

字符串长度函数返回指定字符中字符的个数，如图 9-4 所示。

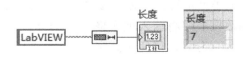

图 9-4 字符串长度函数

连接字符串函数将所有的输入字符串连接为一个输出字符串。

当首次将该函数放置到框图中时仅有两个输入端，可以使用定位工具调整其大小来增加输入端。

除了简单的字符串外，也可以连接一维（1D）字符串数组作为输入，输出将是包含链接数组字符串的单一字符串，如图 9-5 所示。

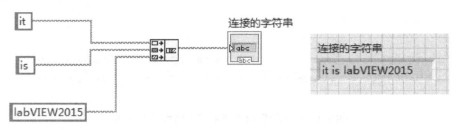

图 9-5　使用连接字符串函数创建一个句子

在许多示例中，可以将字符串转换为数值，也可以将数值转换为字符串。**格式化写入字符串**和**扫描字符串**函数具有这些功能。现在将讨论格式化写入字符串函数，并在稍后讨论扫描字符串函数。

格式化写入字符串函数可使数值数据格式化为文本。通过格式化写入文件函数，使数据格式化为文本，并使文本写入文件。图 9-6 所示为格式化写入字符串函数将浮点数 1.28 转换为 6 位字符串"1.2800"。

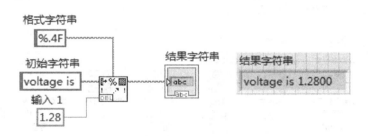

图 9-6　使用格式化写入字符串函数转换浮点数据

格式化写入函数根据格式字符串中的格式声明将输入参数（处于数值格式）格式化为字符串。这些声明在 LabVIEW 帮助中有详细的说明。然而，格式化写入函数不仅能将数值数据转换为字符串数据（尽管通常都这样使用），也可以将字符串路径、枚举型、时间标识、布尔数据进行转换。

如连线程序框图常量字符串至格式字符串接线端，LabVIEW 可在编译时依据格式化字符串的输入确定输出的个数以及每个输出的数据类型。如输出连线的类型与格式字符串指定的数据类型不符，则必须修改输出的类型使 VI 正常运行。

默认情况下，该函数按顺序将输入填入格式字符串。格式标识符为百分号。可使用数字以及美元符号（$）来确切指定输入的位置。例如：%3$d 表示使用第三个输入，无论格式字符串中前面有几个参数。使用 $ 标识符改变输入写入格式字符串顺序，如图 9-7 所示，使用 $ 标识符的输出结果见表 9-2。

**图 9-7　使用 $ 标识符改变输入写入
格式字符串顺序**

表 9-2 使用 $ 标识符的输出结果

输 入 1	输 入 2	格式字符串	返回字符串	说明
First	Second	% s % s	FirstSecond	函数按顺序将输入值写入格式字符串
First	Second	% 2 $ s % 1 $ s	Second First	格式字符串使用 $ 标识符按非默认顺序将输入写入格式字符串
First	Second	% 1 $ s % 1 $ s % 1 $ s	First First First	格式字符串使用标识符 $ 多次使用输入 1，忽略输入 2

格式化写入字符串函数可以用来同时将多个值转换到一个字符串中。右键单击函数，在快捷菜单中选择添加参数，或调整函数大小都可添加函数中参数的数量。

获取日期/时间字符串函数（函数→编程→定时）的输出日期字符串包含输入时间标识指定的日期，时间字符串包含输入时间标识指定的时间。该函数用于为数据加上时间标识。注意如果不将时间标识连接到格式化日期/时间字符串函数，该函数将使用当前时间。

格式化日期/时间字符串函数（函数→编程→字符串）将时间标识或数值按照时间格式字符串中指定的时间格式代码格式为指定格式的时间。对于创建日期/时间字符串来说，该函数比获取日期/时间字符串函数更强大。

格式化日期/时间字符串函数使用的时间格式代码在 LabVIEW 帮助中有详细说明。

9.4 字符串解析函数

有时会发现分解字符串或将其转换为数值是很有用的，分解函数可以帮助完成这些任务。

截取字符串函数访问字符串的特殊部分，返回从偏移量开始，包含长度个字符的字符串。记住，第一个字符的偏移量为 0。图 9-8 所示为如何使用截取字符串函数返回一个输入串的子串示例。

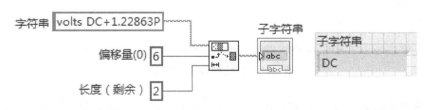

图 9-8 用于返回输入字符串中子字符串的截取字符串函数

扫描字符串函数是格式化写入字符串函数的"逆函数"，将包含合法数字符号（0～9、+、−、e、E 和小数点）的字符串转换为数据值。该函数从初始扫描位置开始扫描输入字符串，并根据格式声明将字符串转换为数据。可以调整扫描字符串函数大小用来同时转换多个值。

图 9-9 中，扫描字符串函数将字符串"VOLTS DC + 1.28E + 2"转换为数值

128.00。从该字符串的第 8 个字符开始扫描（默认第一个字符的偏移量为 0）。

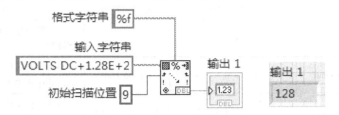

图 9-9　用于从输入字符串中提取浮点数的扫描字符串函数

扫描字符串函数不仅可以将字符串数据转换为数值数据，还可以从字符串中提取字符串。明确知道输入的格式时，可使用该函数。输入可以是字符串路径、枚举型、时间标识或数值。另外，可使用扫描文件函数，在文件中扫描文本。连线板可显示该多态函数的默认数据类型。在字符串中扫描非数值数据时必须小心，因为扫描字符串函数遇到空格字符或其他分隔符时将停止扫描。

格式化写入字符串和**扫描字符串**函数都有编辑窗口，可以使用该窗口创建格式字符串。在该对话框中，可以指定格式、精度、数据类型及转换后值得字段宽带。双击或在函数上弹出菜单并选择编辑格式字符串或编辑扫描字符串来访问相应窗口，如图 9-10 所示。

图 9-10　编辑扫描字符串窗口

匹配模式函数用来在字符串中寻找给定的表达式，它搜索并返回一个匹配的子字符串。匹配模式函数在字符串中从偏移量处开始寻找正则表达式，如果找到匹配对象，就将字符串分解为 3 个子字符串。正则表达式为特定的字符的组合，用于模式匹配。关于正则表达式中特殊字符的更多信息，见 LabVIEW 帮助中正则表达式输入的说明。

如果函数未找到匹配对象，匹配子字符串为空，并且匹配后偏移量设置为 –1。

正则表达式为一个字符串，该字符串使用特殊的语法（称为正则表达语法）

来描述一个字符串的集合用来匹配一种模式，如图 9-11 所示。

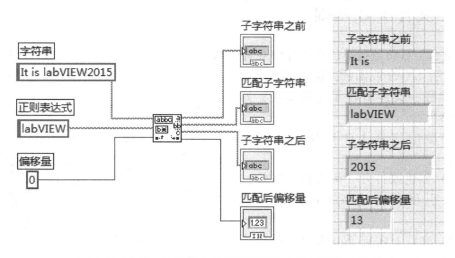

图 9-11   在输入字符串中寻找正则表达式的匹配模式函数

匹配模式函数允许使用一些特殊字符，以便提供强大的、更灵活的搜索。

匹配模式函数是字符串模式搜索的一种相对快速和强大的方法。然而，它并不是正则表达式的每个方面都支持。如果需要使用正则表达式的更多专业选项来匹配字符串，可以使用**匹配正则表达式**函数。

匹配正则表达式函数在字符串匹配方面支持更多的选项和匹配字符组合，但运行要比匹配模式函数慢。在输入字符串的偏移量位置开始搜索所需正则表达式，如找到匹配字符串，使字符串拆分成三个子字符串和任意数量的子匹配字符串。使函数调整大小，查看字符串中搜索到的所有部分匹配。如图 9-12 所示为一个搜索电话号码的例子。

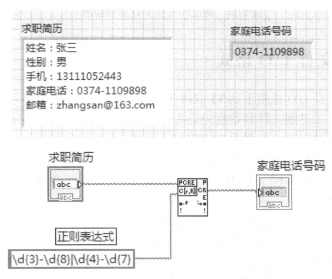

图 9-12   使用匹配正则表达式函数寻找电话号码

9.5 文件 I/O 基础

文件 I/O 将数据记录在文件中或者读取文件中的数据。LabVIEW 具有许多通用的文件 I/O VI 或函数,位于函数选项卡的**编程→文件 I/O** 子选项卡中,如图 9-13 所示。

典型的文件 I/O 操作包括以下流程:

1) 创建或打开一个文件,文件打开后,引用句柄是该文件的唯一标识符。

2) 文件 I/O VI 或函数从文件中读取或向文件写入数据。

3) 关闭该文件。

文件 I/O VI 和某些文件 I/O 函数,如读取文本文件和写入文本文件可执行一般文件 I/O 操作的全部三个步骤(见图 9-14)。执行多项操作的 VI 和函数可能在效率上低于执行单项操作的函数。

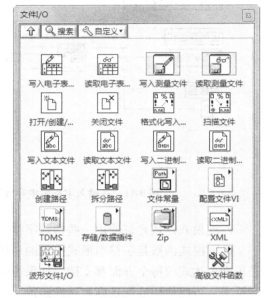

图 9-13　文件 I/O 选项卡

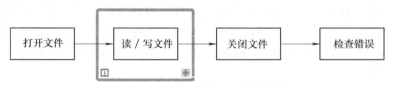

图 9-14　典型的文件 I/O 操作步骤

9.6 选择文件 I/O 格式

采用何种文件 I/O 选板上的 VI 取决于文件的格式。LabVIEW 可读写的文件格式有文本文件、二进制文件和数据记录文件三种。使用何种格式的文件取决于采集和创建的数据及访问这些数据的应用程序。

根据以下标准确定使用的文件格式:

如需在其他应用程序(如 Microsoft Excel)中访问这些数据,使用最常见且便于存取的文本文件。

如需随机读写文件或读取速度及磁盘空间有限,使用二进制文件。在磁盘空间利用和读取速度方面二进制文件优于文本文件。

如需在 LabVIEW 中处理复杂的数据记录或不同的数据类型,使用数据记录文件。如果仅从 LabVIEW 访问数据,而且需存储复杂数据结构,数据记录文件是最好的方式。

9.6.1 何时使用文本文件

如磁盘空间、文件 I/O 操作速度和数字精度不是主要的考虑因素，或无须进行随机读写，应使用文本文件存储数据，方便其他用户和应用程序读取文件。

文本文件是最便于使用和共享的文件格式，几乎适用于任何计算机。许多基于文本的程序可读取基于文本的文件。多数仪器控制应用程序使用文本字符串。

如需通过其他应用程序访问数据，如文字处理或电子表格应用程序，可将数据存储在文本文件中。如需将数据存储在文本文件中，使用字符串函数可将所有的数据转换为文本字符串。文本文件可包含不同数据类型的信息。

如果数据本身不是文本格式（如图形或图表数据），由于数据的 ASCII 码表示通常要比数据本身大，因此文本文件要比二进制和数据记录文件占用更多内存。例如：将 – 123.4567 作为单精度浮点数保存时只需 4 个字节，如使用 ASCII 码表示，需要 9 个字节，每个字符占用一个字节。

另外，很难随机访问文本文件中的数值数据。尽管字符串中的每个字符占用一个字节的空间，但是将一个数字表示为字符串所需要的空间通常是不固定的。如需搜索文本文件中的第 9 个数字，LabVIEW 须先读取和转换前面 8 个数字。

将数值数据保存在文本文件中，可能会影响数值精度。计算机将数值保存为二进制数据，而通常情况下数值以十进制的形式写入文本文件。因此将数据写入文本文件时，可能会丢失数据精度。二进制文件中并不存在这种问题。

文件 I/O VI 和函数可用于读取或写入文本文件，以及读取或写入电子表格文件。

参考下列使用文本文件的文件 I/O 操作范例：

labview \ examples \ file \ smplfile. llb

labview \ examples \ file \ sprdsht. llb

9.6.2 何时使用二进制文件

磁盘用固定的字节数保存包括整数在内的二进制数据。例如：以二进制格式存储零到四十亿之间的任何一个数，如 1、1 000 或 1 000 000，每个数字占用 4 个字节的空间。

二进制文件可用来保存数值数据并访问文件中的指定数字，或随机访问文件中的数字。与人可识别的文本文件不同，二进制文件只能通过机器读取。二进制文件是存储数据最为紧凑和快速的格式。在二进制文件中可使用多种数据类型，但这种情况并不常见。

二进制文件占用较少的磁盘空间，且存储和读取数据时无须在文本表示与数据之间进行转换，因此二进制文件效率更高。二进制文件可在 1 字节磁盘空间上表示 256 个值。除扩展精度和复数外，二进制文件中含有数据在内存中存储格式的映象。因为二进制文件的存储格式与数据在内存中的格式一致，无须转换，所以读取文件的速度更快。文本文件和二进制文件均为字节流文件，以字符或字节的序列对数据进行存储。

文件 I/O VI 和函数可在二进制文件中进行读取写入操作。如需在文件中读写数字数据，或创建在多个操作系统上使用的文本文件，可考虑用二进制文件函数。

9.6.3　何时使用数据记录文件

数据记录文件可访问和操作数据（仅在 LabVIEW 中），并可快速方便地存储复杂的数据结构。

数据记录文件以相同的结构化记录序列存储数据（类似于电子表格），每行均表示一个记录。数据记录文件中的每条记录都必须是相同的数据类型。LabVIEW会将每个记录作为含有待保存数据的簇写入该文件。每个数据记录可由任何数据类型组成，并可在创建该文件时确定数据类型。

例如：创建一个数据记录，其记录数据的类型是包含字符串和数字的簇，则该数据记录文件的每条记录都是由字符串和数字组成的簇。第一个记录可以是（"abc"，1），而第二个记录可以是（"xyz"，7）。

有时可能需要永久改变数据记录文件的数据类型。进行此操作后，处理这些记录的 VI 都必须根据新的数据类型更新。但是，一旦更新 VI，VI 就无法读取以原有记录数据类型创建的文件。

数据记录文件只需进行少量处理，因而其读写速度更快。数据记录文件将原始数据块作为一个记录来重新读取，无须读取该记录之前的所有记录，因此使用数据记录文件简化了数据查询的过程。仅需记录号就可访问记录，因此可更快、更方便地随机访问数据记录文件。创建数据记录文件时，LabVIEW 按顺序给每个记录分配一个记录号。

从前面板和程序框图可访问数据记录文件。

每次运行相关的 VI 时，LabVIEW 会将记录写入数据记录文件。LabVIEW 将记录写入数据记录文件后将无法覆盖该记录。读取数据记录文件时，可一次读取一个或多个记录。

前面板数据记录可创建数据记录文件，记录的数据可用于其他 VI 和报表中。

9.7　创建文本文件和电子表格文件

要将数据写入文本文件，必须将数据转化为字符串。要将数据写入电子表格文件，必须将字符串格式化为含有分隔符（如制表符）的字符串。

由于大多数文字处理应用程序读取文本时并不要求格式化的文本，因此将文本写入文本文件无须进行格式化。如需将文本字符串写入文本文件，可用写入文本文件函数自动打开和关闭文件。

写入二进制文件函数可创建独立于平台的文本文件。读取二进制文件函数可在独立于平台的文本文件中读取数据。

图 9-15 所示为 VI 将一组随机生成的数据写入二进制文件。

写入电子表格文件 VI 或数组至电子表格字符串转换函数可将来自图形、图表或采样的数据集转换为电子表格字符串。

图 9-16 显示了 VI 从图形上采集数据，并将数据写入电子表格文件。

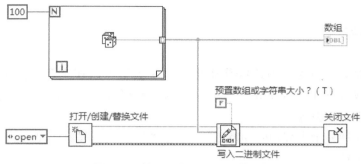

图 9-15　使用写入二进制文件函数

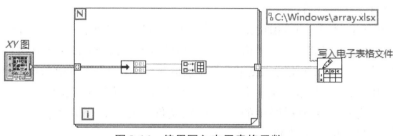

图 9-16　使用写入电子表格函数

由于文字处理应用程序采用了"文件 I/O" VI 无法处理的字体、颜色、样式和大小不同的格式化文本，因此从文字处理应用程序中读取文本可能会导致错误。

如需将数字和文本写入电子表格或文字处理应用程序，使用字符串函数和数组函数格式化数据并组合这些字符串。然后将数据写入文件。

9.8　格式化文件以及将数据写入文件

使用格式化写入文件函数，将字符串、数值、路径和布尔数据作为格式化文本写入文件。

图 9-17 中 VI 获取多种数据类型，并将其写入文件。

使用格式化字符串和格式化写入字符串函数，然后使用写入文本文件函数将得到的字符串写入文件。格式化写入文件函数可代替这些函数完成相同的操作。

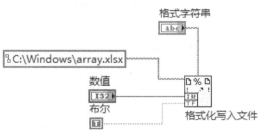

图 9-17　使用格式化写入文件函数写入二进制文件

9.9　从文件中扫描数据

扫描文件函数可扫描文件中的文本获取字符串、数值、路径和布尔值并将该文本转换成某种数据类型。该函数可一次实现多项操作，无须先用读取二进制文件或读取文本文件函数读取数据，然后使用扫描字符串将结果扫描至文件。

9.10 小结

LabVIEW 包含许多字符串操作函数，这些函数可以在字符串选项卡中找到。使用这些函数可以确定字符串的长度，合并两个字符串，提取字符串的子字符串，将字符串转换为数值等。

介绍了四种显示类型功能和特点。比如，"\"代码显示类型允许查看字符串中的非打印字符。

正则表达式允许搜索字符串中的任何内容。匹配模式函数和匹配正则表达式函数能完成所有繁重的工作。

使用文件 I/O 选项卡中的函数，可以向磁盘文件中读取数据。写入电子表格文件将数值数组保存为文本格式的电子表格文件。然后读取电子表格文件可将该文件再次读取到 LabVIEW 中。也可以使用写入测量文件和读取测量文件 VI 读写动态数据类型。对于更高级的应用程序，可以读写文本文件、二进制文件以及执行低级文件 I/O。

配置文件为软件应用程序中的一种特殊文件类型。LabVIEW 给出了一组函数来创建、读写自己的配置文件。

习　题

9-1　创建两个不同的字符串，分别显示其字符串长度，并将两字符串进行连接，对新产生的字符串从第 3 个字符开始截取，截取 3 个字符，参考图 9-18。

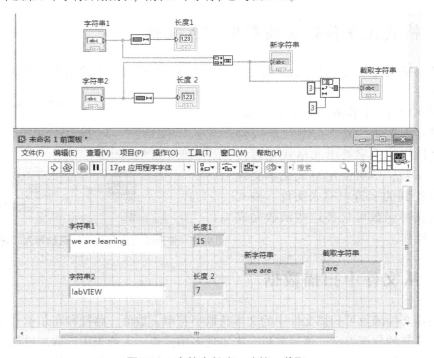

图 9-18　字符串长度、连接、截取

9-2 创建 VI，将波形数据写入文件，后验证存入的数据波形与读取的波形是否一致，参照图 9-19。

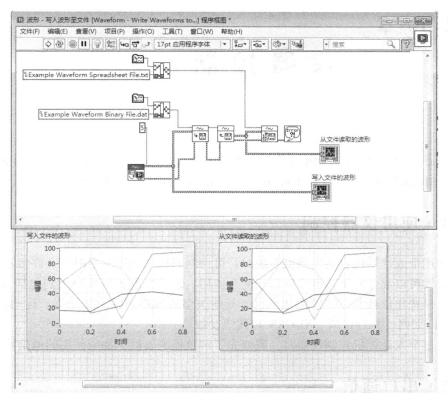

图 9-19　波形写入、读取

第 10 章

仪 器 控 制

本章主要介绍使用 GPIB 或串口的独立仪器的仪器控制。包括仪器 I/O 助手、VISA 和仪器驱动程序，使用 LabVIEW 控制仪器，并从仪器中采集数据。

10.1　使用仪器控制

使用个人计算机自动化测试系统时，可控制的仪器类型不受限制。许多不同类别的仪器可以混合使用，也可以相互配合使用。最常见的仪器接口类别包括 GPIB、串口、模块化仪器和 PXI 模块化仪器。其他类型的仪器包括图像采集、运动控制、USB、以太网、并行接口、NI-CAN 和其他设备。

通过个人计算机控制仪器时，需要先了解仪器的属性，如所使用的通信协议。

10.2　串口通信

串口通信是一种常用的数据传输方法，它用于计算机与外围设备（如一台可编程仪器或另外一台计算机）之间的通信，如图 10-1 所示。串口通信使用发送器每次向接收器发送一位数据，数据经过一条通信线到达接收器。如数据传输率较低，或数据传输的距离较长，应使用这种方法。大部分计算机都有一个或多个串口，因此除了需要用电缆连接设备和计算机或两台计算机以外，不需要其他多余的硬件。

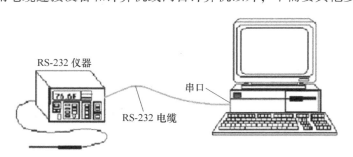

图 10-1　串口仪器实例

由于大多数计算机都有一至两个串口通信接口，因此，串口通信非常流行。许多 GPIB 仪器也都有串行接口。然而，串口通信的缺陷是一个串行接口只能与一个设备进行通信。

一些外围设备需要用特定字符来结束传送给它们的数据串。常用的结束字符是回车符、换行符或者分号。具体可以查阅设备使用手册以决定是否需要一个结束符。

使用串口通信前必须指定四个参数：传送的波特率、对字符编码的数据位数、可选奇偶校验位的奇偶性和停止位数。一个字符帧将每个传输过来的字符封装成单一的起始位后接数据位的形式。

波特率是对使用串口通信时数据在仪器间传送速度的测量。

数据位是倒置和反向传输的，即数据位使用的是反向逻辑，而传输的顺序是从最低有效位（LSB）到最高有效位（MSB）。解析字符帧中的数据位时，必须从右到左读取，在负电压时读取 1，正电压时读取 0。

字符帧中，数据位之后紧随一个可选的**奇偶校验位**。奇偶校验位如果存在，也遵循反逻辑。校验位是检查错误的方法之一。事先指定传输的奇偶性。如果奇偶性选为奇性，那么设置奇偶校验位，使包括数据位和奇偶校验位在内的所有数位中，1 的个数合计为奇数。

一个字符帧的最后部分包含了 1、1.5 或者 2 个总是用负电压表示的**停止位**。如果没有其他字符传输进来，数据线就停留在负（MARK）状态。如果还有字符传输进来，那么下一个字符帧的传输就从正（SPACE）电压的起始位开始。

RS-232 只使用两种电压状态，MARK 和 SPACE。在这样的两状态编码方案中，波特率就等于每秒传输的包括控制位在内的信息位的最大位数。

MARK 是负电压，而 SPACE 是正电压。图 10-2 所示为理想化的信号在示波器中的显示情况。下面是 RS-232 的真值表。

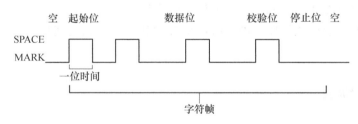

图 10-2　由字母 m 形成的字符帧

信号 > 3V = 0

信号 < − 3V = 1

输出信号电平通常在 12 V 和 − 12 V 之间摆动。3V 和 − 3V 之间的盲区是为了吸收线噪声而设计的。

每一个字符帧的开始部分都由一个起始位表示。起始位是一个从负电压（MARK）到正电压（SPACE）的瞬变。以秒为单位的持续时间是波特率的倒数。如果仪器以 9 600 波特进行传输，那么起始位和它的每一个后续位的持续时间大约是 0.104 ms。有 11 位的整个字符帧将会在大约 1.146 ms 后传输完毕。

解析传输过来的数据位，可得 1101101（二进制）或者 6D（八进制）。一个 ASCII 转换表显示这是字母 m。

这个传输用的是奇性校验。因为数据位中共有 5 个 1，5 已经是一个奇数，所以奇偶校验位设置为 0。

10.2.1 数据传输率

根据已知的通信设置，将波特率除以每个字符帧的位数，可以计算出每秒最大的字符传输率。

在上面的例子中，每个字符帧共有 11 位。如果设置传输率为 9 600 波特，那么每秒可以获取 9 600/11 = 872 个字符。注意这是最大的字符传输率。连接在串口的两端的硬件可能会因为种种原因而达不到这个速率。

10.2.2 串口通信中最常用的推荐标准

1）RS-232（ANSI/EIA-232 标准）应用广泛，如连接鼠标、打印机或者调制解调器。它也应用于工业仪器中。由于线驱动程序和电缆的改进，应用程序常常能提高 RS-232 的性能，并超越标准中列出的距离和速度。RS-232 仅限于实现个人计算机的串口和设备之间的点对点连接。

2）RS-422（AIA RS-422A 标准）使用的是一个差分电信号，而不是 RS-232 中使用的不平衡（单端）接地信号。差分传输使用了两根线同时传输和接收信号，因此和 RS-232 相比有更好的噪声抗扰度和更长的传输距离。

3）RS-485（EIA-485 标准）是 RS-422 的变体，允许将多达 32 个设备连到一个端口上，并定义了必要的电气特性以确保在最大负载时信号电压足够大。有了这种增强的多点传输功能，就可以创建连到一个 RS-485 串口上的设备网络。对于那些需要将许多分布式仪器和一台个人计算机或其他控制器连网，从而完成数据采集和其他操作的工业应用程序来说，噪声抗扰度和多点传输功能使 RS-485 成为一个不错的选择。

10.3 其他接口

有一些设备可以通过 Ethernet、USB 或者 IEEE 1394（FireWire ®）端口与串口或 GPIB 仪器通信，因此计算机上可以没有串口或 GPIB 设备。使用这些设备时，就按照使用串口或 GPIB 设备的情况对它们编程。

USB 和 Ethernet 接口将 USB 端口或 Ethernet 端口转换为异步串口，以便与串口仪器通信。在已有的应用程序中，可以安装这些接口，并将它们作为标准串口来使用。

USB、Ethernet 和 IEEE 1394 控制器将带有这些端口的计算机转换为全功能、即插即用和能控制多达 14 台可编程 GPIB 仪器的 IEEE-488.2 控制器。

10.4 使用 GPIB

ANSI/IEEE 488.1-1987 标准，也称为通用接口总线（GPIB），描述了来自于不同供应商的仪器和控制器之间的标准通信接口。

惠普公司在 20 世纪 60 年代末和 70 年代初开发了 GPIB 通用仪器控制接口总线标准。IEEE 国际组织在 1975 年对 GPIB 进行了标准化，由此 GPIB 变成了 IEEE 488 标准。术语 GPIB、HP-IB 和 IEEE 488 都是同义词。GPIB 的原始目的是对测试仪器进行计算机控制。然而，GPIB 的用途十分广泛，现在已广泛用于计算机与计算机之间的通信，以及对扫描仪和图像记录仪的控制。GPIB 仪器常用作独立的台式仪器，在这类仪器上进行的测量是手动完成的。使用个人计算机控制 GPIB 仪器，可以使这些测量自动完成。

10.4.1 数据传输与终止

GPIB 是一个数字化的 24 线并行总线。它包括 8 条数据线、5 条控制线（ATN、EOI、IFC、REN 和 SRQ）、3 条握手线和 8 条地线。GPIB 使用 8 位并行、字节串行的异步通信方式。也就是说，所有的字节都是通过总线顺序传送，传送速度由最慢部分决定。由于 GPIB 的数据单位是字节（8 位），数据一般以 ASCII 码字符串方式传输。

GPIB 是一种 8 位数字并行通信接口，它的数据转换率为 1 Mbyte/s，甚至更高，使用的是三线握手协议。这种总线支持一个系统控制器，通常情况下是一台计算机和最多 14 台其他仪器。GPIB 协议将设备分为控制器、通话器和侦听器，以确定哪一个设备拥有总线的控制权。每台设备包括计算机接口卡，必须有一个 0 ~ 30 之间的 GPIB 物理地址。控制器定义了通信链接，对需要服务的设备做出响应，发送 GPIB 命令和传递/接收总线控制权。控制器指示通话器发话，并将数据放在 GPIB 上。每次只能有一台设备通话。控制器选定侦听器侦听，从 GPIB 读取数据。可令几台设备同时侦听。

有三种方式来标明传送数据终止。通常，GPIB 包括一根硬件线（EOI），用来传送数据完毕信号。或者，也可以在数据串结束处放入一个特定结束符（EOS）。有些仪器用 EOS 方法代替 EOI 信号线方法，或者两种方法一起使用。还有一种方法，侦听器可以计数已传送的数据字节，当达到限定的字节数时停止读取数据。只要 EOI、EOS 和限定字节数的逻辑或值为真，数据传送就停止。一般字节计数法作为默认的传送结束方法，因此，一般将字节总数限定值设置为等于或大于需要读取的数据值。

10.4.2 GPIB 函数

LabVIEW 在仪器 I/O 功能模板的 GPIB 子选项板下有许多 GPIB 通信功能子程序模块，这些模块在工作平台上可以调用低层的 488 驱动软件，如图 10-3 所示。大多数的 GPIB 应用程序只需要从仪器读写数据串。下面讨论传统的 GPIB 写入/读入函数。

GPIB 写入函数使数据写入地址字符串指定的 GPIB 设备。模式指定如何结束 GPIB 写入过程，如果在超时毫秒指定的时间内操作未能完成，则放弃此次操作。错误输入和错误输出与错误处理程序配合使用，检测可能的出错情况。状态是 16 位的布尔逻辑数组，每个元素代表 GPIB 控制器的一种状态。

图 10-3　GPIB 子选项板

在图 10-4 所示程序中，GPIB 写入函数把"VDC；MEAS1？；"字符串写入地址 = 2 的 GPIB 设备中，本实例采用缺省值模式 = 0，超时毫秒 = 25000。

GPIB 读取函数从地址字符串指定地址的 GPIB 设备中读取由字节总数指定的字节数，用户可以使用模式参数指定结束读取的条件，与字节总数一起使用。读取的数据由数据返回。

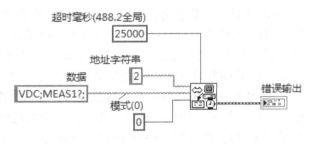

图 10-4　GPIB 写入函数

用户必须把读取的字符串转换成数值数据，才能进行数据处理，如进行曲线显示。错误输入和错误输出是出错指示数簇。

GPIB 读取函数遇到下列情况之一则中止读取数据：

1）程序已经读取了所要求的字节数。

2）程序检测到一个错误。

3）程序操作超出时限。

4）程序检测到结束信息（由 EOI 发出）。

5）程序检测到结束字符 EOS。

如图 10-5 所示的程序中，GPIB 读取函数从地址 = 2 的设备中读取 20 个字节的数据。该程序使用了默认值模式 = 0，超时毫秒 = 25000。在本例中，如果读够了 20 个字节，或者检测到 EOI，或者超出 25000ms，读取过程将结束。

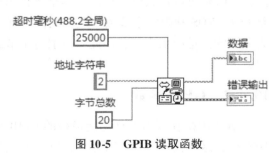

图 10-5　GPIB 读取函数

10.5　VISA 编程

VISA（Virtual Instrument Software Architecture）是虚拟仪器软件结构体系的简称。VISA 是在所有 LabVIEW 工作平台上控制 VXI、GPIB、RS-232 以及其他种类仪器的单接口程序库。采用了 VISA 标准，就可以不考虑时间及仪器 I/O 选择项，驱动软件可以相互兼容使用。VISA 包含的功能模块在仪器 I/O→VISA 子选项卡中。大多数的 VISA 功能模块使用了 VISA 资源名称。多数仪器驱动 VI 的前面板上都会有 VISA 资源名称输入控件和 VISA 资源名称输出显示控件。这些输入控件和显示控件在仪器驱动子 VI 之间传递会话信息。VISA 资源名称指出了 VI 在哪个资源上运行，还区分了仪器驱动的不同会话句柄。

VISA 资源名称是仪器 I/O 会话句柄的唯一标识引用句柄，它标识了与之通信的设备名称以及进行 I/O 操作必需的配置信息。VISA 资源名称输出包含 VISA 资源名称中相同的标识信息，将引用传递出 VI，至访问该仪器的其他 VI。连接 VISA 资源名称将建立起数据依赖性。它相似于文件 I/O 模块的参考名功能。

图 10-6 所示为常用的 VISA 功能模块：VISA 打开、VISA 写入、VISA 读取和 VISA 关闭。

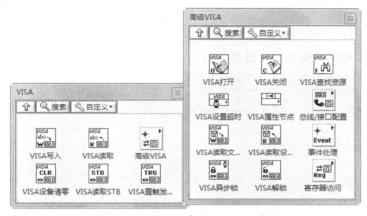

图 10-6　VISA 及高级 VISA 子选板

以 VISA 打开函数为例，根据资源名称和 VISA 资源名称与指定的设备建立通信。模块返回 VISA 资源名称标识值，使用该标识值就可以调用此设备的任何其他的操作功能。错误输入和错误输出字符串包含错误信息。

资源名称包含 I/O 接口类型以及设备地址等信息。其编程语法可在 LabVIEW 帮助中找到。

10.6　软件架构

仪器控制是通过 LabVIEW 实现的，它的软件架构类似于 DAQ 的软件架构。仪器接口（如 GPIB）包含了一组驱动程序。使用 MAX 配置这个接口。虚拟仪器软件架构（VISA）是一个常用来与接口驱动程序通信的 API，因为 VISA 抽象化了所使用的接口类型，所以在 LabVIEW 中编程实现仪器控制时，它是首选的方法。许多用于实现仪器控制的 LabVIEW VI 都使用了 VISA API。例如：仪器 I/O 助手就是一个 LabVIEW Express VI，它能够使用 VISA 与基于消息的仪器通信，并将响应从原始数据转化为用 ASCII 表示的形式。没有可用的仪器驱动程序时，请使用仪器 I/O 助手。在 LabVIEW 中，一个仪器驱动程序就是一组为了与一台仪器通信而特别编写的 VI。

10.7 小结

本章学习了基本的仪器连接，了解了与外部仪器通信使用的 GPIB、串口、以太网接口硬件方面的内容。同时学习了仪器 I/O 助手功能和 VISA 编程的相关知识。这些都是 LabVIEW 中与仪器通信需要用到的工具。

GPIB 接口是一个被许多仪器广泛接受的标准，并且在 LabVIEW 中用户常常可以为自己的特殊仪器获得仪器驱动程序。串行通信便宜且概念简单，但在实践中需要进行故障诊断和处理。VISA 可以将命令发送到仪器，而不管硬件连接类型。所以，用户可以使用 LabVIEW 与多种连接类型的众多仪器进行通信，如 GPIB、以太网、TCP/IP、串口、USB 等。

习　题

使用串口程序模块与串口设备通信，如图 10-7 所示。

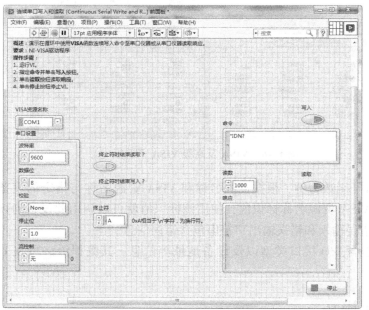

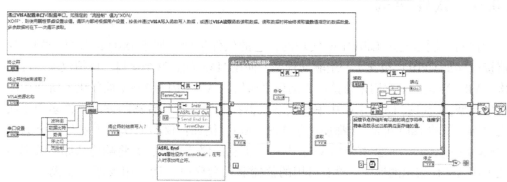

图 10-7　串口程序读写练习

第11章

项目实例：海洋立管涡激振动数据采集系统设计

海上石油开采，一定存在立管的应用。在海洋环境中，立管极易产生涡激振动，降低立管寿命，立管一旦发生疲劳破坏，将会造成严重的后果，因此深海立管的涡激振动在立管设计中是一个需要考虑的重要问题，而解决这一问题的关键在于数据的采集。本章以海洋立管涡激振动试验装置监测系统的实例，对该系统的硬件系统及软件系统做了详细的介绍。海洋立管涡激振动数据采集系统基于 LabVIEW 软件，实现了涡激振动试验数据的多路采集，数据的保存、回放、数值计算等功能。

11.1　海洋立管涡激振动介绍

海洋开发的水深不断增加，在这些深水海洋工程中超长的柔性立管得到广泛的应用，如导缆、钻采立管、悬跨管线等。在洋流的作用下，这些结构物都会遭遇到涡激振动的问题，虽然波浪以及船体的运动同样对这些结构物具有疲劳破坏作用，但是这些破坏随着水深的增加保持不变或有所减小，而水流的作用会覆盖整个结构物，随水深的增加，涡激振动对结构物的破坏不断增加，因此涡激振动是深水结构物疲劳破坏的主要来源。一旦采油立管在涡激振动下发生断裂，由此带来的不仅仅是经济上的巨大损失，更严重的是将会造成巨大的环境污染。因此，对涡激振动的预测变得越来越重要。

海洋立管数据采集是立管状态、响应及疲劳分析的重要信息来源，通过采集的数据进行有科学分析能为立管的运动状态提供最直观、最准确的信息，能够有效弥补数值模拟的局限性和不确定性，准确而直观地反映深水立管系统在深水海洋环境载荷条件下的动力特性。

11.2　数据采集系统功能要求

1）系统设置：包括系统标定和系统配置，完成对初始干扰信号和零点漂移的标定，并设置采集通道、采样频率、应变桥、应变电阻等参数。

2）数据采集：配置完成后，实时采集应变信号并读进表格暂时存储显示。

3）数据显示：显示立管同一截面的顺流向和横向应变，并能同时显示不同截面的顺流向或者横向应变波形图。

4）数据分析：通过编程完成参数的数值计算，实现管涡激振动应变的频谱分析、最大值、最小值的计算以及模态结果的输出。

5）数据管理：主要完成原始数据的存储、制表以及回放数据。

11.3 采集系统硬件

11.3.1 采集系统选择

海洋立管涡激振动采集系统主要用于模拟深水环境下输油管道的参数采集，包含了立管应变、张力、振动位移、水流温度、水流速度等参数的采集分析。当前基于应变测试领域主要有 VXI、PXI 和 PCI 三种虚拟仪器的硬件测试平台。

PXI（PCI extension for instrumentation，面向仪器系统的 PCI 扩展）基于 PCI 平台，是一种用于测量和自动化系统的总线。PXI 结合了 PCI 的电气总线特性与 CompactPCI 的坚固性、模块化及 Eurocard 机械封装的特性，并添加了专门的同步总线和重要的软件特性。PXI 在 1998 年正式推出，为满足日益增加的对复杂仪器系统需求推出了一种开放式工业标准。PXI 平台集成了高性能测量硬件和定时、同步等资源，具有测量和自动化系统的高性能、低成本和易互换性等特点，对于传统的独立仪器来说是理想的替代产品，广泛应用在模块化仪器平台。

通过表 11-1 对比 VXI、PXI 和 PCI 总线主要性能可以看出，PXI 兼备了 CompactPCI 标准的高性能、具有内置的触发和局部总线，又具有 VXI 仪器系统的高可靠性和高性价比，因此在此次实验中使用 PXI 总线构建环境试验样机测试系统。

表 11-1 VXI、PXI 和 PCI 总线主要性能比较

测试平台 \ 参数	VXI	PXI/CompactPCI	PCI
传输位宽/位	8、16、32	8、16、32、64	8、16、32、64
吞吐率/（Mb/s）	40、80（VME64）	132-264	132-264
定时和同步	有定义	有定义	有定义
触发总线	8TTL&2ECL	8TTL	无
总线容量	每个机箱 13 个模块，可扩	一般每个机箱 7 个模块和一个控制器模块，可扩	一般 4 个插槽，可扩
模块化	是	是	否
高质量冷却	可靠	可靠	一般
系统成本	中-高	低-中	低

11.3.2 采集卡

实验中为了更精确的同步分析立管不同截面的应变信号，采用了 NI 公司的 PXIe-4331 同步电桥模块，如图 11-1 所示。此模块可为基于电桥的传感器提供集成化数据采集和信号调理。其中还包含更高的精度、强大的数据处理能力和同步功能，具有高密度测量的优越性。

NIPXIe-4331 的全部 8 路通道都配有适合同步采样的 24 位模数转换器。每通道

102.4kS/s 的采样率，模块的各路通道均具有抗混叠和数字滤波功能。每条通道还具有一类独立 0.625～10V 激励电压。此外，NI PXIe-4330 和 NI PXIe-4331 为各路通道提供内桥电阻。

NIPXIe-4331 采集卡匹配 NI TB-4330 前置式接线盒，接线盒配有适合 NI PXIe-4330 电桥输入模块的螺栓端子连接。接线盒可由软件自动检测到，也可热插拔，因此在通电状态下可将其连接或断开，图 11-2 所示为 NI TB-4330 接线盒。

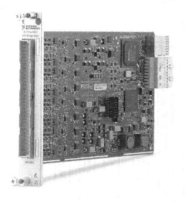

图 11-1　NI PXIe-4331 采集卡　　　　图 11-2　NI TB-4330 接线盒

11.3.3　工控机

NI 工业控制器作为高性能 Windows 控制器，可在广泛应用领域中部署 NI Lab-VIEW 软件。实验中使用了 NI 公司的 PXIe-1082 型号 8 槽机箱。该机箱支持 PXI 与 PXI Express 模块的同步特性。它每个插槽中都接受 PXI Express 模块，并通过最多 4 个插槽支持可兼容标准 PXI 混合总线的模块。

PXIe-1082 型号机箱提供若干标准 PC 连接选件、4 个混合插槽、3 个 PXI Express 插槽、1 个 PXI Express 系统定时插槽，外加便携式的显示器与键盘。与 PXI Express 模块兼容包括：4 个高速 USB 接口、2 个千兆以太网接口、1 个 MXI Express 接口和 1 个 RS232 端口。控制器还可通过现场可互换的连接器，支持向 PCI 或 PCI Express 板卡的扩展。千兆以太网端口，可以实现网络连接，MXI Express 连接器可远程连接 PXI 系统，图 11-3、图 11-4 分别为 NI PXIe-1082 机箱和机箱插槽。

图 11-3　NI PXIe-1082 机箱　　　　图 11-4　NI PXIe-1082 机箱插槽

11.4 数据采集软件

利用虚拟仪器采集立管的应变信号关键在于软件系统的设计，软件系统设计中包括采集程序和信号分析过程。该检测系统在基本硬件支持下，利用计算机为用户提供测量与控制界面，在计算机的控制下获得测量结果并实现采集数据的分析与处理，最后通过窗口界面输出测试结果或绘制参数曲线。因此，软件系统是该检测系统的核心。系统整体设计方案如图 11-5 所示。

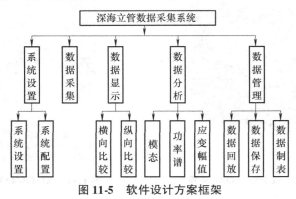

图 11-5　软件设计方案框架

11.4.1　软件界面和操作流程

根据软件整体设计方案，结合 LabVIEW 编程实现了海洋深水立管涡激振动实验的数据采集，软件界面如图 11-6 所示，包括了左边的曲线和数值显示区、右边

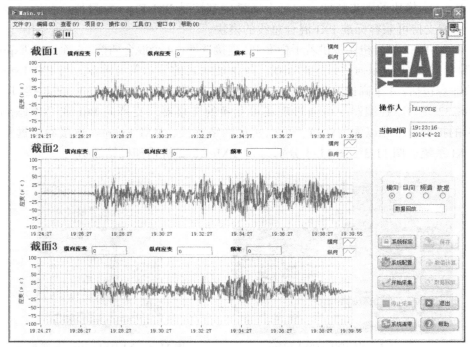

图 11-6　涡激振动数据采集的软件界面

的操作区。右边的操作区从上至下分别为曲线横向比较、纵向比较及频谱图和数据表的调用按钮，系统标定、系统配置、开始采集、停止采集、系统清零、保存、数值计算、数据回放、停止和帮助等功能性按钮，右上角 EEAT 图标为能源工程先进连接技术研究中心的英文简称。

实验中为实现采集的合理操作，有效地提高实验的整体性，如图 11-7 所示的软件的操作流程简单明了地介绍了软件的执行程序，有助于实验人员快速了解软件的功能及使用操作。

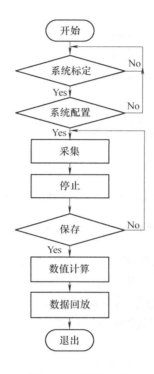

图 11-7 操作流程

11.4.2 采集系统软件程序

涡激振动数据采集的软件系统是基于生产者/消费者设计模式上建立的，队列消息处理器实现了多个任务并行执行可行性，成功处理不相同速率信号的发生状态。如图 11-8 所示为基本的生产者/消费者结构。

该应用程序是一个交互式用户界面，应用程序执行命令时，用户可以单击其他按钮。

消息处理循环（MHL）表示应用程序可与其他任务并行执行的任务，如采集数据或记录数据。每个 MHL 可被分成多个子任务，对应于各个状态。队列消息处理器在没有接收消息前一直处于空闲（等待）状态，不会占用 CPU 资源。

消息本身是字符串，用于命令消息处理循环执行一个消息框图。消息由事件处理循环生成并存储在消息队列中。消息处理循环的每次循环都读取消息队列中最早

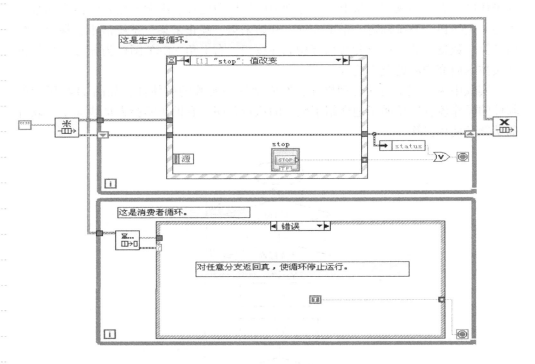

图 11-8   生产者/消费者结构

的消息，然后执行相应的消息框图。表示展开"按名称解除捆绑"函数，访问所有 MHL 消息队列的连线。在应用程序将要发送消息的部分，Message 是指确定 MHL 收到该消息时执行的消息框图匹配的文本。图 11-9 所示为"发送消息"函数，图 11-10 所示为"按名称解除捆绑"函数。

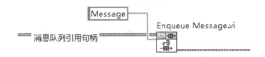

图 11-9   "发送消息"函数

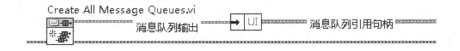

图 11-10   "按名称解除捆绑"函数

11.4.3   采集系统初始化

初始化数据采集系统的前面板控件，如表格历史数据清除、按钮灰化、图表坐标值重置等控件的初始化，图 11-11 所示为前面板初始化程序框图。

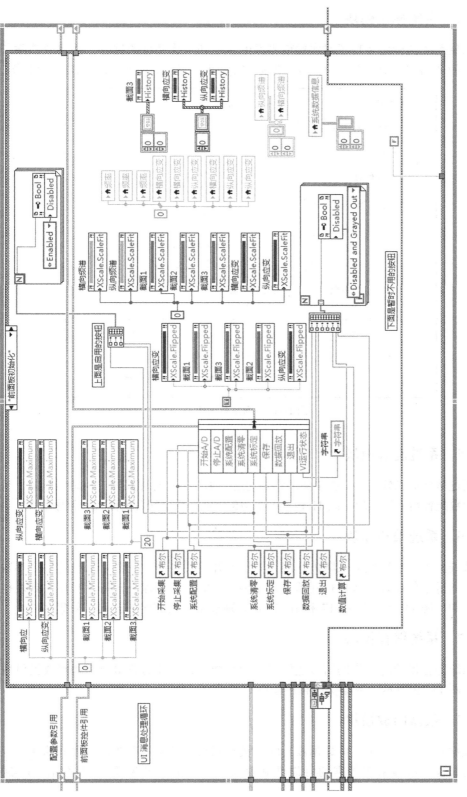

图 11-11　前面板初始化程序框图

11.4.4 系统标定模块

采集系统的标定实现了对实验前零漂的抑制和干扰型号的过滤，并有效消除了传感器的初始应变值，图 11-12 所示为标定前面板、图 11-13 所示为标定程序框图。

图 11-12　标定前面板

11.4.5 系统配置模块

通过队列消息处理器，将采集的物理通道、采样率、存储路径、传感器电阻、桥路等参数配置给采集模块，图 11-14、图 11-15 分别为系统配置前面板和程序框图。

11.4.6 系统采集模块

系统配置的参数数据入队进入采集模块的开始程序中，配置了采集的各个参数设置。通过条件循环依次执行开始→采集→停止的采集过程，并将数据写入到表格和图表中，图 11-16、图 11-17 和图 11-18 分别表示采集程序的开始、采集和停止。

11.4.7 系统保存模块

系统保存模块将采集的信号数据保存为文档，为后续的数据处理和回放提供数据源，图 11-19 所示为数据保存程序框图。

11.4.8 数据回放模块

数据回放，有助于整体数据波形的比较和判断。既能直观地判断数据的变化规律，同时也能检验采集数据的可靠性和真实性，数据回放模块的程序如图 11-20 所示。

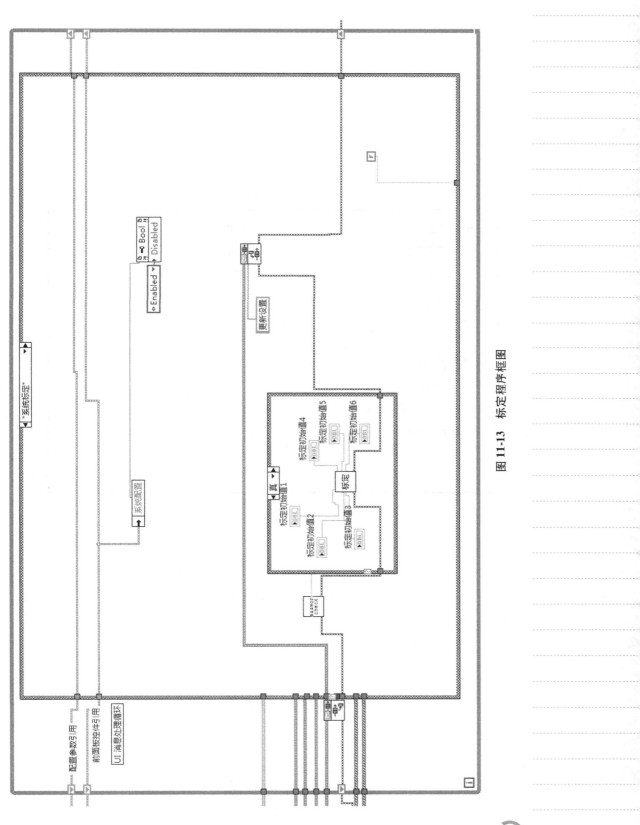

图 11-13　标定程序框图

图 11-14 系统配置前面板

图 11-15 系统配置程序框图

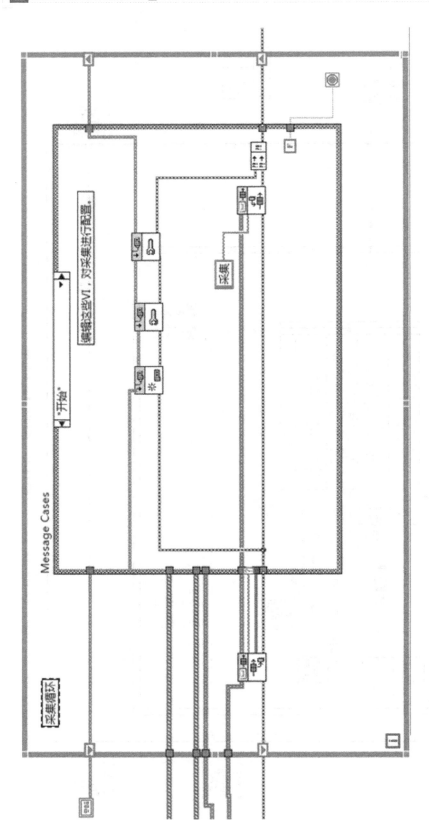

图 11-16 采集系统程序框图 (开始)

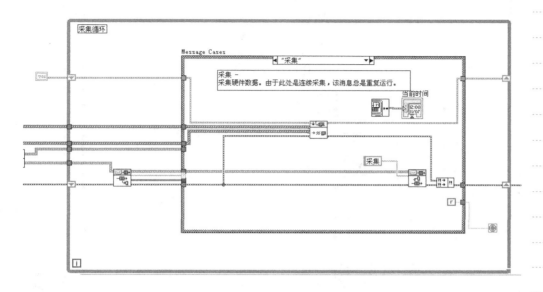

图 11-17 采集系统程序框图（采集）

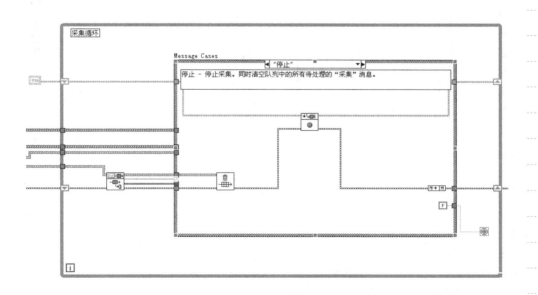

图 11-18 采集系统程序框图（停止）

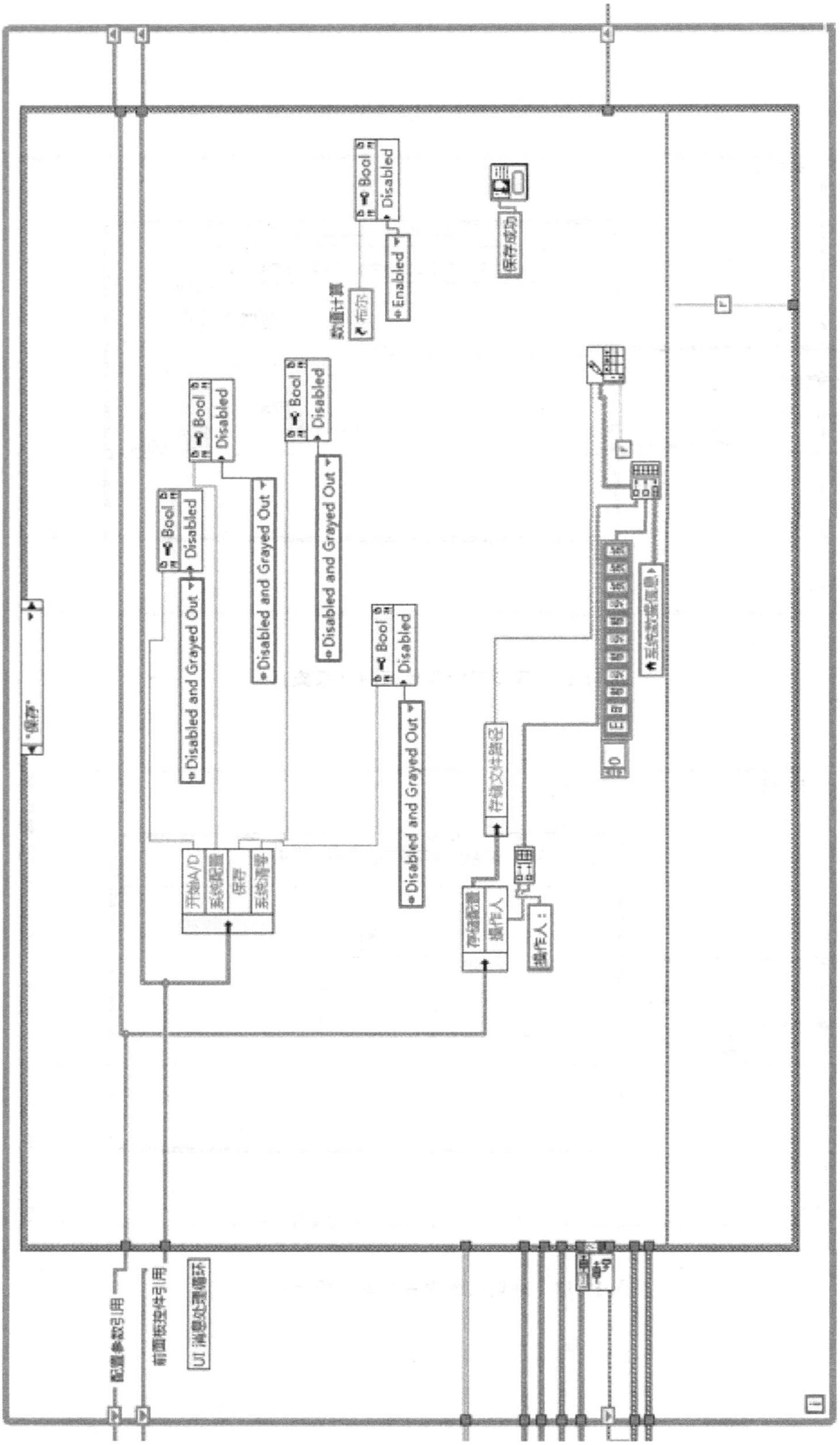

图 11-19 保存程序框图

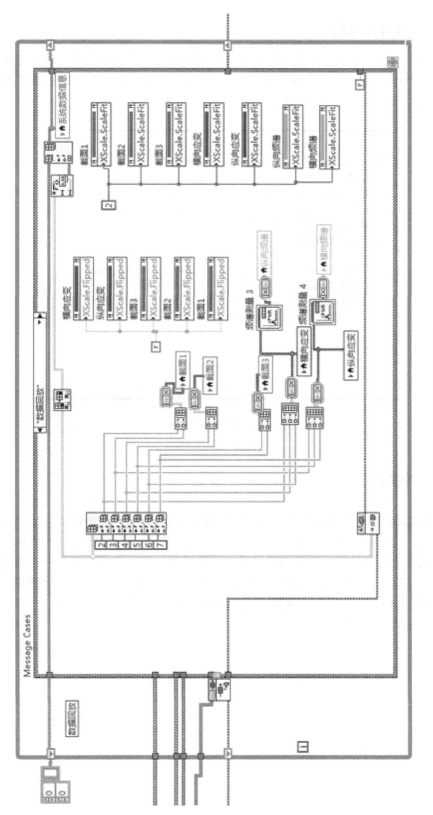

图 11-20 数据回放程序框图

11.4.9 数值计算模块

数值计算模块实现了立管涡激振动应变最大值、最小值的计算以及模态的在线显示。客观地分析数据的范围变化，为后续的频谱分析和数据对比提供了科学依据，图 11-21 和图 11-22 所示分别为数值计算前面板和程序框图。

2014年4月22日星期二	截面一	截面二	截面三
横向应变最大值	36.118851	64.932263	39.750498
横向应变最小值	0.001101	0.011111	0.017464
横向应变平均值	10.293861	23.247522	10.135706
纵向应变最大值	51.908158	74.165465	45.273145
纵向应变最小值	0.015373	0.001954	0.003913
纵向应变平均值	12.105148	18.716839	11.707667
频率最大值	89.001295	80.000000	89.001295
频率最小值	0.000000	0.000000	0.000000
频率平均值	18.507637	19.10136	18.507637
模态	2.000000		

保存　　取消

图 11-21　数值计算前面板

11.5　小结

采用 LabVIEW 中库函数节点、队列消息处理器和生产者/消费者设计模式相结合的方法，实现了多路不同速率数据的并行采集，程序充分证明了该并行同步数据采集编程方法的可行性。本系统可以采集到传感器传输过来的应变信号，并进行相应的数学计算分析，同时对数据实时的保存处理，观察以得出信号变化规律。事实上，基于 LabVIEW 平台开发的系统具有体积小巧、功能强大、处理速度快等优点，可用于各种结构的检测工程中。

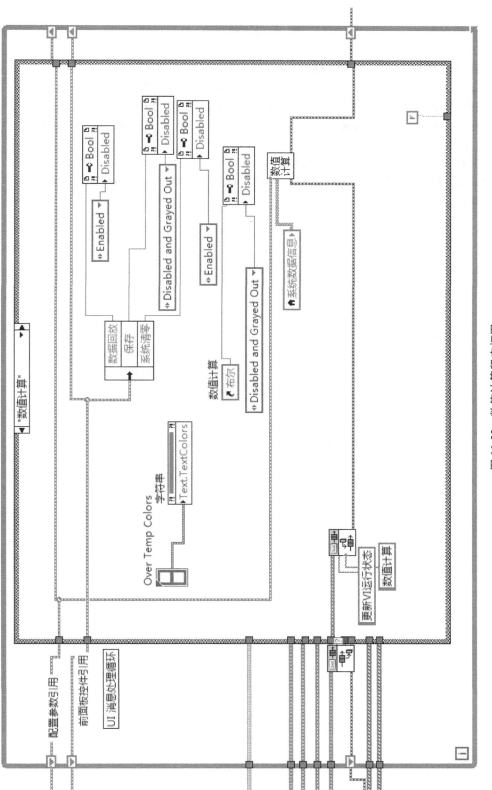

图 11-22 数值计算程序框图

参 考 文 献

［1］江建军，刘继光. LabVIEW 程序设计［M］. 北京：电子工业出版社，2008.

［2］乔瑞萍. LabVIEW 大学实用教程［M］. 3 版. 北京：电子工业出版社，2008.

［3］雷振山. LabVIEW 8.2 基础教程［M］. 北京：中国铁道出版社，2008.

［4］雷振山，魏丽，等. LabVIEW 高级编程与虚拟仪器工程应用［M］. 北京：中国铁道出版社，2009.

［5］杨高科. LabVIEW 虚拟仪器项目开发与管理［M］. 北京：机械工业出版社，2012.

［6］李甫成. 基于项目的工程创新学习入门——使用 LabVIEW 和 myDAQ［M］. 北京：清华大学出版社，2014.